生态文明与生产者责任延伸
——法律与政策体系研究

郑艳玲　著

企业管理出版社
EMPH ENTERPRISE MANAGEMENT PUBLISHING HOUSE

图书在版编目（CIP）数据

生态文明与生产者责任延伸：法律与政策体系研究/郑艳玲著.
--北京：企业管理出版社，2020.10

ISBN 978-7-5164-2232-8

Ⅰ.①生… Ⅱ.①郑… Ⅲ.①企业环境管理-企业责任-研究-中国 Ⅳ.①X322.2

中国版本图书馆 CIP 数据核字（2020）第 186278 号

书　　名：生态文明与生产者责任延伸——法律与政策体系研究
作　　者：郑艳玲
责任编辑：郑　亮　田　天
书　　号：ISBN 978-7-5164-2232-8
出版发行：企业管理出版社
地　　址：北京市海淀区紫竹院南路 17 号　　邮编：100048
网　　址：http：//www.emph.cn
电　　话：编辑部（010）68701638　发行部（010）68701816
电子信箱：qyglcbs@emph.cn
印　　刷：北京七彩京通数码快印有限公司
经　　销：新华书店
规　　格：170 毫米 ×240 毫米　　16 开本　　14.75 印张　　212 千字
版　　次：2020 年 10 月 第 1 版　　2020 年 10 月 第 1 次印刷
定　　价：58.00 元

版权所有　翻印必究·印装有误　负责调换

内容摘要

18 世纪工业革命以来，人类经济发展取得辉煌成就，改造自然的能力得到极大提升，在物质消费日益丰富的同时，由于过度开采造成资源枯竭，大量产品消费致使后消费阶段废物大量增加，生态环境不断恶化。为了应对日益严峻的废弃产品问题，生产者责任延伸制度（Extended Producer Responsibility，EPR）得以诞生。作为一项新的废物管理制度，EPR 旨在通过规定以生产者为主要责任主体的责任者对产品在整个生命周期造成的环境影响负责，特别是通过产品消费后的回收、处置与循环再利用等来减少产品对环境的影响。生产者责任延伸概念于 1988 年由瑞典学者托马斯教授提出以来，EPR 制度历经多年的发展，无论在理论上还是在实践上均得到了较为深入的发展，在瑞典、德国、美国、日本以及欧盟地区的实施取得良好成效。

作为发展中国家，追求持续快速的经济增长的愿望与日益重要的、满足最低环保标准以保护公众健康和确保国家自然资源长期可持续性的需要是我国面临最为紧迫的挑战之一。长期以来的“高投入、高消耗、高污染、低产出”传统发展模式导致我国面临传统的工业污染与消费型社会转型过程中的消费后废弃物双重污染问题。为此，我国遵循客观世界和人类社会发展规律，提出了人类与自然和谐共处理念下的，基于源头治理、制度治理的生态文明发展战略。党的“十八大”报告中提出，“建设生态文明，基本形成节约能源资源和保护生态环境的产业结构、增长方式、消费模式。循环经济形成较大规模，可再生能源比重显著上升。主要污染物排放得到有效控制，生态环境质量明显改善。”这是我国基于资源环境问题，为保持生态系统稳定，实现可持续发展做出的重要战略部署。发展循环经济，建设生态文明，实现人类的永续发展是人类社会的重要目标。生产者责任延伸制度是推行循环经济，控制自然资本消耗减量化，提高其经济效能，实现单位经济产出的环境影响最小化的必需的制度载体。

基于我国人均资源较少，目前面临较严重的环境污染、资源短缺与废弃物处置难题等事实，在我国生态文明建设背景下结合各行业发展实际，健全生产者责任延伸制度，推进循环经济发展，是落实科学发展观，建设生态文明，实现美丽中国梦的基本途径。相对于发达国家生产者责任延伸制度在理论上的深入发展与实践领域的广泛探索，我国的EPR制度还处于发展初期阶段，与发达国家存在着较大的差距。本文通过对EPR制度理念发展过程的梳理，该制度理论基础的阐述以及发达国家制度实施现状的考察，力图为我国制度的建设与完善提供有益的参考。

论文主要完成了以下五个方面的研究工作：

（1）梳理了EPR的相关研究文献，构建了生产文明建设下生产者责任延伸制度的法律体系与政策体系的研究框架。界定并阐述了EPR、生态文明概念及其产生与发展的历程，解析了生态文明与EPR之间的基本关系，阐述了EPR制度的理论基础，我国EPR制度的产生与发展现状。

（2）主要介绍了瑞典、德国、日本、美国和欧盟等主要国家和地区的EPR制定背景、立法进程、制度建设与实践情况，比较分析了各国实施EPR的经验，归纳其异同，在此基础上，分别从EPR法律体系与结构、制度与机制设计等方面提出了对我国的借鉴之处。

（3）探索生态文明建设下生产者责任延伸制度的理念与目标定位。确立了EPR在制度设计上坚持生态利益优先的价值理念，明确生产者优先追求社会责任的承担，是环境利益本位而不是经济利益本位。

（4）主要分析了我国生产者责任延伸制度分别在基础性立法、专项性立法与地方性立法的现状，指出我国EPR立法在价值理念上距离生态文明理念与思维方式还有一定差距。仍存在诸如内容散乱、尚未形成系统性总体框架，延伸责任主体缺失、责任不明确，立法缺乏刚性约束、总体可操作性不强等诸多问题。为此，亟须确立 EPR 立法总体框架、明确界定相关责任主体及其具体责任、构建行政管制与经济调节机制相结合的立法体系等。

（5）分析了我国生产者责任延伸制度实施的配套制度体系现状，目前我国 EPR 的配套制度主要有废弃物管制制度、环境税费制度、绿色国民经济核算制度，以及绿色采购制度等，对这些配套制度设置与实施情况进行了分析。指出目前仍存在譬如环境返还押金制度不健全，废弃物回收名录不详细、回收体系待完善，产品环境标准、信息公开机制、行业协会制度等有待建立，政府监管调控缺位，绿色国民经济核算制度有待落实等问题；为此提出需以生态文明理念为指导，健全固体废弃物的管制制度，进一步构筑多元回收体系和阶段化物流回收体系建设制度，强化政府对延伸责任主体和行为的激励引导制度、监管制度等。

关键词： 生态文明；生产者责任延伸制度；生产者；法律体系；政策体系

目　录

1. 引　言

1.1　研究背景

18 世纪工业革命以来，人类改造自然的能力和水平得到高度发展，在发展经济方面取得了辉煌的成就。人类物质产品消费极大丰富的同时，由于过度开采造成资源枯竭、环境破坏，大量产品消费后阶段废弃物的大量产生，生态环境不断恶化。20 世纪 70 年代以来，人类由开始关注废弃物的末端治理，企业的清洁生产与全过程管理，再发展到源头预防与全过程治理；在此过程中，一系列政策的陆续出台都无法根本上解决对废弃物填埋、焚烧所产生的新的环境与社会问题。伴随着环境问题的日益加剧，环境政策也在不断发展和创新，生产者责任延伸制度（Extended Producer Responsibility，EPR）作为一项新的废弃物管理制度得以诞生。EPR 旨在通过规定生产者在产品整个生命周期对环境的影响负责，特别是对产品消费后的回收、循环再使用、废置等以减少产品对环境的影响。

作为发展中国家，追求持续快速的经济增长与确保自然资源的长期可持续发展需要，以及日益重要的广大民众良好生态需求是我国面临的最为紧迫的挑战之一。长期以来“高投入、高消耗、高污染、低产出”片面追求高经济增长率的传统的激进式的发展方式导致我国目前既面临传统的工业污染问题，又面临社会由生产型向消费型社会转型过程中出现的大量的后消费阶段的废弃物问题。为此，我国遵循客观世界和人类社会发展规律，提出了人类与自然和谐共处理念下的，基于源头治理、制度治理的生态文明发展战略。工业社会及其文明在经济社会发展过程中面临的资源、环境等方面的种种问题与挑战催生了生态文明理念的提出，同时也促成了生产者责任延伸制度这一应对废弃产品问题的制度措施的诞生。生态文明与生产者责任延伸理念具有共同的资源环境问题的现实背景与历史渊源。研究生态文明建设下的生产者责任延伸制度具有客观发展的现实需求。

为尽快解决产品消费废弃后排放引发的环境污染问题，我国先后提出了多项 EPR 相关政策与立法，这些法律法规与制度的实施，为促进生态文明战略的顺利推进提供了有力的法律制度保障。目前，EPR 制度所涉及的范围已经覆盖到电子产品、汽车、包装物等领域。然而，伴随着经济社会的日益发展与生态文明建设的不断深入，EPR 制度在设计理念、立法和制度建设等方面在应对废弃产品问题的实践过程中仍然存在或逐渐暴露出一些问题和不足。在此背景下，通过跟踪和把握社会发展的最新趋势，把具有中国特色的社会主义生态文明理念与 EPR 制度结合起来，在参照发达国家和地区先进的生产者责任延伸制度的理论与实践经验的基础上，考察我国 EPR 制度建设与实践的现状，辨析 EPR 制度的功能本位，提出符合我国生态文明建设背景与国情的 EPR 目标定位，检讨我国生产者责任延伸制度在理念、价值、立法、制度等方面存在的不足，并提出相应的完善建议和具体方案，为进一步促进我国 EPR 理念的进步、立法的健全、制度的完善提供理论依据和学理支持。把生态文明建设与生产者责任延伸制度的研究结合起来，在理论上是一个积极的创新，在实践上是一个有益的尝试。

1.2 研究内容

本书拟从生态文明的视角全面系统地研究生产者责任延伸制度。生态文明、生产者责任延伸、生态文明与生产者责任延伸的基本关系、生产者责任延伸的理念与定位，以及生产者责任延伸的法律体系、政策体系等都是本书研究的内容。但全书主要聚焦于 EPR 制度的法律与政策体系。

本研究的逻辑框架遵循由一般到特殊，即由生产者责任延伸的一般理论研究到我国的生态文明建设背景下的生产者责任延伸问题的特殊研究。

1.3 研究方法

为实现上述研究的内容和目标，本书在研究方法上，主要运用了比较分析方法、跨学科综合分析法、利益分析方法、历史分析方法、系统分析方法等。

第一，比较分析方法。比较分析方法贯穿于全文始终。本书对国外不同典型国家的生产者责任延伸制度的理论与实践进行了比较分析，对我国目前国情背景同各西方发达国家之间的异同进行了对比分析，如此不仅有助于找出各国生产者责任延伸制度的共性，辨别各国生产者责任延伸制度的优劣，也为我们发现与解决我国生产者责任延伸制度的现存问题提供参考与借鉴。同时对工业文明与生态文明进行了类比分析。

第二，跨学科综合分析方法。由于生产者责任延伸制度的研究涉及了多个学科知识，因此本研究拟综合运用环境学、经济学、法学、环境政策学、环境经济学、环境管理学等学科的分析方法和分析工具，对生产者责任延伸制度进行跨学科的系统研究。

第三，利益分析法。在分析我国生产者责任延伸制度的定位时，运用了利益分析的方法，阐述了生态文明建设下的生产者责任延伸制度是环境利益本位而不是经济利益本位。

历史分析法和系统分析法也将在研究中得到充分体现。

1.4　本书的逻辑框架和结构安排

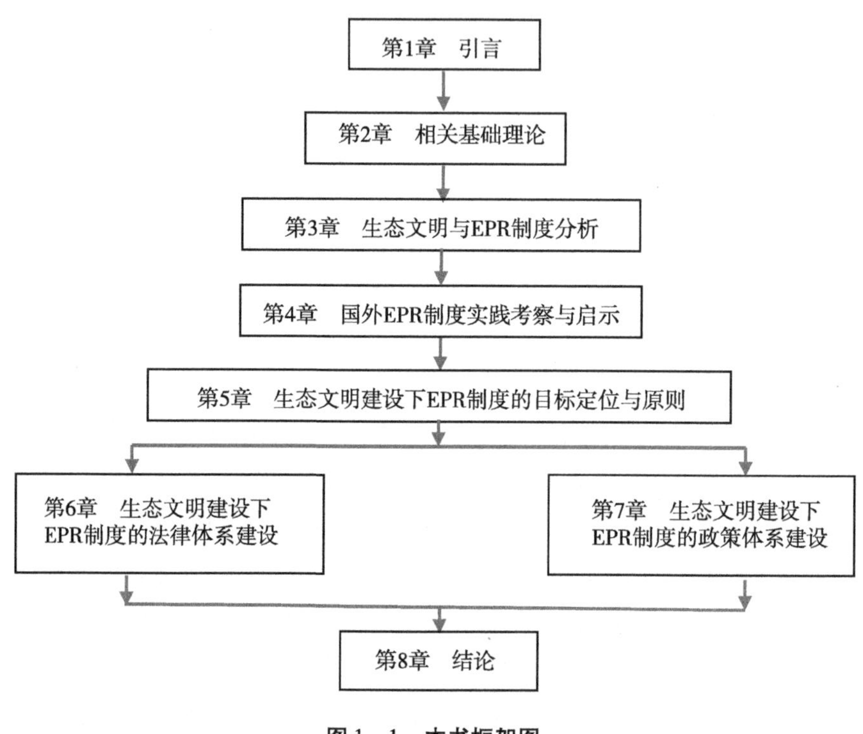

图 1－1　本书框架图

本书结构安排如下：

第 1 章　引言：阐述本项论题的研究背景，给出研究目标和需要解决的问题。

第 2 章　相关基础理论：本章生产者责任延伸制度诞生与实施的基础理论依据进行了阐述。

第 3 章　生态文明与生产者责任延伸制度分析：本章着重阐述生态文明和生产者责任延伸这两个基本概念，包括生态文明缘起、内涵、特征与价值，生产者责任延伸制度的提出与发展，生产者责任延伸制度内涵、实施目标、实施主体、实施机制等内容，解析生态文明与生产者责任延伸的基本关系。

第 4 章　国外生产者责任延伸制度的实践考察与启示：本章选择德国、日本和欧盟等主要国家和地区为对象国，对其 EPR 制度背景、立法进程、制度建设与实践情况进行考察与分析，比较分析各国实施 EPR 的经验，归纳其异同，在此基础上，从生产者责任延伸制度目标、法律体系与结构、制度与机制等方面提出对我国的借鉴之处。

第 5 章　生态文明建设下生产者责任延伸制度的目标定位与原则：本章以生态文明理念为视角，分析我国生产者责任延伸的价值理念与定位，确立 EPR 在制度设计上坚持生态利益优先的价值理念，明确生产者优先追求社会责任的承担，是环境利益本位而不是经济利益本位。基于我国现实国情，引入 EPR 制度的现阶段主要目标是解决环境污染问题，应该首先选择产品数量大，对环境影响大的产品实施此制度，坚持社会效益大于社会成本的原则，易到难的原则，从不完全责任到完全责任分步实施原则，有力促进企业推广生态设计的原则。

第 6 章　生态文明建设下生产者责任延伸制度的法律体系建设：本章分析我国 EPR 法律体系的体系结构、法律责任、可操作性等方面存在的不足与问题，评估现行 EPR 制度并对重点制度的完善提出具体建议。目前，我国建构 EPR 法律体系的理念与生态文明理念还存在距离；EPR 立法缺乏整体设计，多以原则、制度、规章和技术措施等形式交叉散落在基本法、部门规章、技术规范等法律文件中，缺乏统领性文件，导致相关内容之间缺乏基本的协调与衔接；在内容设置上多为原则性规定，具体的可操作性规定则明显不足，法律效率层次参差不齐。完善 EPR 法律体系，必须坚持以科学发展观和生态文明理念为指导思想，坚持生态法学方法论，以《循环经济促进法》确立生产者责任延伸的法律地位，及其制度体系的总体框架，根据各个行业的不同情况制定具体的单行法，各个地方根据当地的社会经济条件制订适合本地的具体实施细则或办法，形成兼具层次性、针对性与支撑导向性的用以引导、促进与强制生产者承担延伸责任的法律制度体系。

第 7 章　生态文明建设下生产者责任延伸制度的政策体系建设：本

章从相关配套政策措施层面展开研究，以生态文明理念为指导，对现行生产者责任延伸制度实施过程中的各项配套政策进行评估、梳理，提出相关建议。譬如多元化回收体系的建设，特定产品的强制回收制度建设，以及专业回收、处置企业的市场准入和资质认定制度、回收处置行业监管与激励机制等；以及环境押金制度、处置基金的收缴、运作制度等，对于生产者承担回收处置和利用等延伸责任是非常核心和关键的配套制度。

第 8 章　结论：本章给出本研究的结论和进一步研究的方向和建议。

2. 相关基础理论

2.1 外部性内部化理论

外部性，也被称为外部成本、外部效应或溢出效应，是指生产者在生产过程中或消费者在消费过程中对他人产生的影响，而这种影响又不能通过市场机制进行买卖。这种影响如果是有益的，则称为外部经济，或正外部效应、正外部性（即，生产或消费使他人受益而又无法向其收费的现象）；如果这种影响是有害的，则称为外部不经济，或负外部性、负外部经济效应（即，生产或消费使他人受损而又无法补偿的现象）。按照产生主体划分，外部性分为生产的外部性（伴随着生产活动过程中产生的）与消费的外部性（消费者在消费行为过程中产生的），两种外部性均与环境问题紧密相关，相对来讲，来自生产的负外部性影响更大（钱易，2000）。

“外部性”概念由著名的英国经济学家马歇尔（A Marshalall）1890年出版的《经济学原理》中提出的“外部经济”概念发展而来，并于1920年提出“内部经济”概念。其后，马歇尔的学生福利经济学的创始人阿瑟·庇古（Arthur. C. Pigou）于1912年发表《财富与福利》（1920年修改并更名为《福利经济学》），首次从福利经济学的角度研究了外部性问题。庇古提出了私人边际成本加外部成本之和构成了社会成本，私人边际收益与边际社会成本相等时能够使得社会净收益最大化，而企业为追求利润最大化，按照私人边际收益与边际私人成本相等时确定的产量大于考虑了社会成本时的产量，导致了社会效率的损失，产生了环境负外部效应。解决外部性成本内部化为企业生产成本问题的办法就是要依靠政府征税或补贴，即通过征税使得负的外部性企业承担外部社会成本，而补贴则是对正外部性行为的以后总鼓励。这种政策建议被称为“庇古税”（环境污染税）。从此，外部性得到了经济学家的普遍关注。

从函数表征上来看，外部性指某经济主体（厂商或个人）的福利函数的自变量中包含了其他主体施加给他的非市场化行为，而该主体又没有向其他主体索取报酬或补偿。即外部性概念可用如下函数来表述（Buchanan、Stubblebine，1962）：

$$F_j = F_j\ (X_{1j},\ X_{2j},\ \cdots,\ X_{nj},\ X_{mk}) \quad j \neq k \qquad 2-1$$

公式2－1中，j和k分别代表不同的经济主体（个人或厂商）；F_j表示经济主体j的福利函数；X_i（$i=1,\ 2,\ \cdots,\ n,\ m$）指经济主体j的生产或消费行为；X_{mk}则表示经济主体j的福利F_j受到自身经济行为X_i的影响外，还受到其他经济主体k强加给他的行为影响，当X_{mk}的影响对F_j为正时，或者有利于提高F_j时，表明经济主体k对j产生了正的外部性；反之则是负的外部性。

一直以来，自然环境作为人类赖以生存的基本条件在经济理论中未被加以考虑，空气、水、海洋等环境资源一直被免费适用于生产经营活动中。市场经济体制下，环境资源在消费过程中所体现的非竞争性和非排他性公共物品特征，导致了环境资源很难通过市场机制实现其成本的内部化，从而出现了市场失灵或外部不经济现象，即造成了市场机制不能够有效调节配置环境资源，市场经济主体对环境资源的消耗往往由他人来承担后果。基于亚当·斯密“理性经济人”的假设，每个市场主体均以成本最小化、利润最大化为目标，而竞相使用环境资源等零成本生产要素，并获得收益，从而造成资源被竞争性地过度使用与侵占，而由此产生的资源枯竭、环境污染等负效应则由社会其他主体来分摊。

为此，张会萍教授指出，市场主体对于环境资源的消费使用行为或许是有意为之，降低成本，赢得市场；或许是无意为之，因为现有经济理论中并没有一种约束机制，使得经济主体在资源使用过程中造成的负效应纳入生产成本之中，也就是说，生产者对于这部分成本的存在处于一种无意识、无约束状态，因而也就没有动力对资源开发和利用进行合理有效的规划和管理（张会萍，2002）。为此，需要采取相应的措施，将环境资源成本纳入生产成本，从而激励市场主体进行理性选择，以纠正外部性的效率偏差，这个过程被称为外部性的内部化。

生产者责任延伸理念的提出正是基于废弃物的管理问题在市场机制下不能达到经济效率，即在市场失灵的情况下而转向政府的政策干预机制。通过追加生产者对其生产的产品消费后阶段的废弃物回收、利用与废置责任，实现废弃物管理处置成本和环境影响内化到企业内部。从整个产品的生命周期来看，产品造成的负的外部性，首先是生产者在生产过程中污染物排放造成的外部性，其次还包括消费者对废弃物随意丢弃而造成的整个社会承担的废弃物处置成本，以及由于废弃物不当处置（垃圾堆放和焚烧）的环境影响。最后，销售者在选择其销售产品过程中理应选择销售对环境影响小的、具有绿色环境标志的产品，从这个角度上来说，销售者也应承担部分产品造成的环境影响责任。

2.2 企业社会责任理论

企业社会责任（Corporate social responsibility，简称 CSR）是指企业在商业运作过程中除了考虑为股东们盈利或赚钱，考虑企业自身的财政与经营状况外，还应当最大限度地增进股东利益以外的员工、消费者、母公司或附属公司、供应商、社区团体等企业利害关系人的利益，以及对整个社会的利益和自然环境利益（刘俊海，1999）。

对于生产者而言，其最终目的就是在提供满足社会成员需要的具有安全性与适用性的物质产品的基础上，最大限度地创造经济利益。但是，整个市场是由相互依存、利益攸关的多个成员工程构成的，这就要求生产者在生产经营过程中必须超越把自身和股东的经济利益作为唯一目标的传统理念，强调生产经营的可持续发展，考虑对社会、环境和消费者的影响和贡献。

基于生产者趋利性特征，其责任仅包括提供物质（服务）产品的责任。生产者社会责任的承担一般只是在道德层面对生产者行为予以约束，即责任的履行主要寄托于生产者的道德自律上。环境伦理的提出强化了企业的社会责任，强调企业追求最大利益的过程中确保社会福利的整体发展，要做一个有道德的“经济人”。为防止生产者淡化或规避社会责任，需要从道德约束走向法律规范，以法律法规界定与规范生产者的社会责任行为，将其转变为法定义务，以保障其社会责任的实现。

生产者责任延伸制度正是通过法律规范约束、帮助企业实现其社会责任的制度设计。通过对生产延伸责任的追加，实现从产业链下游向产业链上游的传导，激励企业为了谋求自身最大利益而主动承担产品废弃物的处置与循环利用责任，突出强调了生产者产品生产过程中的资源减量化、再生性使用，促进了资源的可持续发展与生态系统的稳定。

2.3 环境权理论

20 世纪以来的生态危机对作为宪法基本权利核心的人性尊严（Human dignity）构成了严峻的挑战，环境权的权利诉求和环境权理论亦在此历史背景下粉墨登场（吴卫星，2014）。

环境权通常是指主体对环境所享有的权利，一般可分为个体权利和集体权利。对于公民个人和企业来说，就是指其所享有在安全、舒适的环境中生存与发展的权利，主要包括环境资源的使用权、知情权与环境侵害诉讼权；对国家集体来说，环境权就是国家作为环境资源的所有人而行使的环境资源管理权，如在环境资源管理和保护过程中利用的行政管制、经济调节与法律规范等手段。

环境权是伴随着环境危机的出现而产生的一种新的权利概念或社会主张（代红延，2012）。随着人类社会的发展而发展，不同的时代，基于物质生活与文化传统背景的不同，人类的权利需要和权利要求也存在差异，环境权利内容也各不相同。长期以来，由于人类生产力水平低下，生存、生产过程中资源消耗强度小，环境影响问题并不突出，而为满足人类基本生存需要的经济发展是首要任务，产品消费后的废弃物并未对环境造成太大影响，对环境权的侵害并未提及。然而，当前人类社会显然已步入后工业化时代，环境污染、资源匮乏已然成为亟待人类解决的重要问题。20 世纪 70 年代，美国学者约瑟夫·萨克斯教授创立了环境公共信托理论，认为环境资源的共同拥有人应将具有公共财产属性的环境资源委托给国家进行管理。在此基础上，“环境权”概念得以诞生，认为，每个人都应享有在良好环境下生存的权利，而且，这种权利应受到法律的保护（金瑞林，1990）。

然而，生产者进行产品生产在获得经济利益的同时，产品的生产过程，特别是产品消费后阶段的废弃物对环境造成的损害，一方面侵害了公民享有良好生活环境的权益，另一方面也破坏了国家正常的环境管理秩序。生产者责任延伸制度，正是一种要求生产者对其产品生命周期内造成的环境侵害承担责任，特别是对产品废弃后阶段的回收、利用与处置的环境责任。而这正是国家接受公众的委托保护公民环境权的体现。

2.4 可持续发展理论

进入工业社会以来，片面追求经济增长目标下的对于资源的大量开采与消耗，产品的大量生产、消费与废弃，造成资源日渐枯竭、生态失去平衡、环境污染严重，使得人类遭受了史无前例的生态危机，人类生活、生产的可持续性发展收到严重影响。可持续发展理论（Sustainable Development Theory）指出要在保护环境、实现资源可持续发展需要的基础上，既要满足当代人发展的需要，又不能对后代人的发展造成危害。环境保护作为可持续发展理论中的一个重要方面，促进了生产者责任延伸制度的产生。

第一，实现资源的有效利用是可持续发展的重要要求之一。废弃产品中含有的具有可重复性循环使用的资源，生产者责任延伸制度即是要求生产者在承担废弃物回收责任的基础上，实现对再生资源的循环利用。同时，生产者基于废弃物处置成本考虑，在产品生产前的原材料选择方面有动力选择那些具有可利用、可再生、能循环的原材料。生产者责任延伸的制度设计充分体现了资源的减量化使用与再生性使用。

第二，可持续发展理论的本质要求就是要实现经济社会的可持续发展，要求在追求经济发展的同时，强化对资源环境的保护。保证当代人获得发展的同时，也要保障后代人的环境权，保障代际公平。生产者责任延伸制度提出的初衷便是为解决废弃物的污染问题，通过将生产者的环境责任分别向产品的上游和下游两个方面同时延伸，要求生产者不但在生产过程中要实现清洁生产，而且在产品原材料选择与产品设计时也要考虑资源的减量化，以及产品废弃后的资源再生性使用，通过对产品生命周期内的环境影响责任的承担，最大限度地降低环境污染，这直接保护了当代人的生活环境，更是对后代人生态环境的保护。

参考文献：

[1] 钱易，唐孝炎．环境保护与可持续发展［M］．北京：高等教育出版社，2000：229.

[2] 张会萍．环境公共物品理论与环境税［J］．中国财经信息资料：西部论坛，2002，(12)．

[3] 刘俊海．公司的社会责任［M］．北京：法律出版社，1999：6－7.

[4] 吴卫星．我国环境权理论研究三十年之回顾、反思与前瞻［J］．法学评论，2014，(05)．

[5] 代红延．保障公民环境权将迎来中国环保重大变革．［EB/OL］．［2012－11－8］．http：//www. cusdn. org. cn/news_ detail. php？id＝227018.

[6] 金瑞林．环境法学［M］．北京：北京大学出版社，1990：112.

[7] 唐绍均．生产者责任延伸制度研究［D］．重庆大学博士论文．2007.

[8] 张旭东，雷娟．我国生产者延伸责任的偏差与矫治［J］．西南交通大学学报（社会科学版），2012，（04）．
[9] 吴怡．中国生产者责任延伸制的激励机制研究［M］．上海：同济大学出版社，2012：15－16.
[10] OECD. Extended producer responsibility：A guidance manual for governments［M］. Paris：OECD，2001：1－161.
[11] Reid Rifest，Thomas Lindquist. Producer Responsibility at a Turning Point? ［J］. Journal of Industry Ecology Volume 12，Number 2，2008，Yale University.
[12] Oahu Sachs. innings the Funeral at the Birth：Extended Producer Responsibility in the European Union and United States［J］. The Harvard Environmental Law Review 2006.
[13] OECE. Economic aspects of extended producer responsibility［M］. Paris：OECD，2004：1－296.
[14] OECD. Phase2：FRAMEWORK REPORT" in "Extended and Shared Producer Responsibility"［M］. ENV/EPOC/PPC（97）20/REV2，1997，10.
[15] 徐伟敏．德国废弃物管理法律制度研究［C］．全国人大环境与资源保护委员会．环境立法与可持续发展国际论坛．北京，2005：587－597.
[16] 李艳萍．论延伸生产者责任制度［J］．环境保护，2005，（07）．
[17] 林晖．循环经济下的生产者责任延伸制度研究［D］．中国海洋大学，2010.
[18] A. J. Spicer，M. R. Johnson. Third－party remanufacturing as a solution for extended producer responsibility［J］. Journal of Cleaner Production，2004：137－45.
[19] Nicole C. Kiers. Extended Producer Responsibility：A Tool for Achieving Sustainable Development［M］. Florida State University Journal of Land Use & Environmental Law，Spring，2004：503.

[20] OECD, Seminar on Extended Producer, Responsibility, EPR: Programme Implementation and Assessment, by Naoko Tajo and Thomas Lindquist and Gary A. Davis, Draft document prepared for OECD, 2003.

[21] OECD," Analytical Framework for Evaluating Costs and Benefits of EPR Programmer", ENV/EPOC/WGWPR20056/FINAL, 2005.

[22] 王干．论我国生产者责任延伸制度的完善［J］．现代法学，2006，(04)．

[23] 马洪．生产者延伸责任的扩张性解释［J］．法学研究，2009，(01)．

[24] 辜恩臻．生产者责任（EPR）制度的法律分析［C］．北京：法律出版社：602－650.

[25] 李艳萍，孙启宏，乔琦，毛玉如，沈鹏．延伸生产者责任制度的本质和特征［J］．环境与可持续发展，2007，(04)．

[26] 唐绍均．论生产者责任延伸制度概念的淆乱与矫正［J］．重庆大学学报（社会科学版），2009，(04)．

[27] 李薇．论生产者延伸义务［D］．吉林大学，2008.

[28] 吴怡，诸大建．生产者责任延伸制的 SOP 模型及激励机制研究［J］．中国工业经济，2008，(03)．

[29] 温素彬，薛恒新．面向可持续发展的延伸生产者责任制度［J］．经济问题，2005，(02)．

[30] 李名林．“生产者责任延伸”类技术法规研究［J］．中国标准导报，2006，(06)．

[31] 马娜．生产者责任延伸制度对环保和贸易的作用［J］．上海标准化，2006，(05)．

[32] 钱勇．OECD 国家扩大生产者责任政策对市场结构与企业行为的影响［J］．产业经济研究，2004，(02)．

[33] 刘丽敏，杨淑娥．生产者责任延伸制度下企业外部环境成本内部化的约束机制探讨［J］．河北大学学报（哲学社会科学版），

2007，（03）.
[34] 李芋蓁，田义文，陈毓君．论我国生产者责任延伸制度中生产者范围的扩张［J］．特区经济，2012，（01）.
[35] 乔琦，李艳萍．中国推行生产者责任延伸制度的机遇与挑战［J］．资源再生，2014，（11）.
[36] 任文举，李忠．生产者责任延伸制度理论及其实践［J］．经济师，2006，（04）.
[37] 常香云，范体军，黄建业．基于“生产者责任延伸”的逆向物流管理模式［J］．现代管理科学，2006，（05）.
[38] 贾国华，叶婷．论生产者责任延伸制度的完善［J］．天津商业大学学报，2008，（05）.
[39] 王茵．EPR 制度下废旧家电回收处理模式及回收渠道决策研究［D］．西南交通大学，2008.
[40] 王岩．中国特色生产者责任延伸制度建设模式初探［J］．再生资源与循环经济，2008，（02）.
[41] 郜翔．政府在生产者责任延伸制中的承担责任研究［J］．河南师范大学学报（哲学社会科学版），2012，（01）.
[42] 白少布．基于第三方回收的产品供应链生产者责任延伸激励机制［J］．计算机集成制造系统，2012，（06）.
[43] 高晓露．循环经济视野下的生产者责任延伸制度解读［J］．经济经纬，2009，（04）.
[44] 黄锡生，张国鹏．论生产者责任延伸制度——从循环经济的动力支持谈起［J］．法学论坛，2006，（03）.
[45] 王兆华，尹建华．基于生产者责任延伸制度的我国电子废弃物管理研究［J］．北京理工大学学报（社会科学版），2006，（04）.
[46] 肖陈翔．关于循环经济立法中生产者责任延伸制度的探究［J］．闽江学院学报，2007，（04）.
[47] 赵一平．我国汽车行业 EPR 的运行环境与作用机理研究［D］．大连理工大学，2007.

[48] 吕君，常昕媛．生产者责任延伸环境制度的网络自循环体系研究［J］．管理现代化，2014，(01)．
[49] 李博洋，顾成奎．促进废弃电器电子产品回收处理产业健康发展［J］．中国科技投资，2012，(09)．
[50] 刘芳，李慧明．建立循环型社会法律制度，推动循环经济发展［J］．中国发展，2005，(02)．
[51] 祝融．生产者责任延伸制度立法的探讨［J］．环境保护，2005，(10)．
[52] 丁敏．固体废物管理中生产者责任延伸制度研究［D］．中国政法大学，2005.
[53] 刘海歌．浅析生产者责任延伸制度及其完善［J］．延安大学学报(社会科学版)，2010，(03)．
[54] 张琦，李玉基．论循环经济法中的生产者责任延伸制度［J］．商业时代，2010，(27)．
[55] 张海燕．生产者责任延伸制度研究［D］．华东政法大学，2011. 海燕 (2011)
[56] 孙曙生，陈平，唐绍均．论废弃产品问题与生产者责任延伸制度的回应［J］．生态经济，2007，(09)．
[57] 刘冰，梅光军．生产者责任延伸制度在电子废弃物管理中的探讨［J］．环境技术，2005，(06)．
[58] 刘慕凡，胡春华，刘汉红，杨嵘．电子废物管理中生产者责任延伸制度及对策研究［J］．科技进步与对策，2005，(02)．
[59] 冯良．推行生产者责任延伸制度，促进电子废物回收利用——欧盟废旧家电回收处理制度考察［J］．电器，2005，(07)．
[60] 罗庆明，胡华龙，侯琼．电子废物生产者责任延伸制的国外实践及对我国的启示［J］．环境与可持续发展，2013，(05)．
[61] 周丹，海热提，夏训峰，陈凤先．汽车回收中实施生产者责任延伸制手段研究［J］．环境科学与技术，2007，(09)．
[62] 董长青，吴蒙．基于生产者责任延伸制度的我国汽车回收利用管

理研究［J］．资源再生，2012，（06）．

［63］谭铁安．关于实行农资生产者责任延伸制度的几点思考［J］．农药市场信息，2015，（27）．

［64］谢芳，李慧明．生产者责任延伸制与企业的循环经济模式［J］．生态经济，2006，（06）．

［65］魏洁，李军．EPR 下的逆向物流回收模式选择研究［J］．中国管理科学，2005，（06）．

3. 生态文明与生产者责任延伸制度分析

3.1 生态文明概述

3.1.1 生态文明的产生与发展

“文明”内涵的界定，学术界有多种定义。一般来讲，有广义与狭义之分。广义的文明，指一个社会集团中的综合文化特征，包括民族意识、价值观念、礼仪习俗、宗教思想、生活方式、生产方式、科学程度等；而狭义的文明，是指某个对象具备较高的文化素养、思想素质、道德水准、教育水平等（曹雅欣，2014）。本书中的“文明”指其广义内涵，指人类开始群居，出现社会专业化分工，人类社会基本形成后开始出现的一种现象，是人类社会在文化教育、物质及精神等方面的发展水平与态势，以及使这种态势得以建立与保持的社会生产力与生产关系状况、社会主体生产方式与手段和所有与此相关的因素（申曙光，1995），是人类生产方式、生活方式和思维方式的总和。人类社会的发展模式总是与其所赖以生存的大自然给予的自然资源与生态环境状况息息相关，当自然资源供给和生态环境与人类经济社会发展发展相矛盾时，人类文明就必须发生转型。到目前为止，人类经历了从原始狩猎文明到农业文明、从农业文明到工业文明、从工业文明到信息文明等三次文明转型。

图 3－1　文明演变示意图

3. 1. 1. 1　从原始狩猎文明到农业文明

狩猎是一种原始而古老的生存方式，狩猎文明是人类最早的文明形态。为解决食物不足问题，人类利用、制造石器、木棍等最原始的狩猎工具，捕猎动物，捡拾植物果实，其主导生产资料是大自然所孕育的各种动植物。这一时期人类的物质产品种类和数量极其有限，所产生的废弃物基本为动物残骸、植物果核等，这些动植物遗体来源于自然，并直接返回自然，由自然生态系统自然分解，不会造成任何污染。人类狩猎的生产力水平取决于人的自然体力和捕猎技能。人类社会处于原始的野蛮蒙昧阶段，只能被动地依赖和适应自然。

随着人类的繁衍增长，人口数量逐渐增多，相反，自然界可供直接采集、捕获的动植物资源越来越不能满足人类生存的需要，天然食物资源日渐稀缺。为解决日益严重的食物稀缺问题，人类逐渐学会利用自然界种植植物、驯养动物，开始学会利用自然界资源制造食物资源，以弥补天然生产力的下降。伴随着劳动工具逐渐由石器转变为铁器，由以人力为主发展到利用蓄力的使用，人类生产力得到持续性的发展，至此，狩猎文明逐渐转型至农业文明。以利用自然的农耕为主的生产方式标志着农业文明时代的到来。相对于原始社会，农业社会生产力水平得到较大提升，生产的物质产品种类和数量虽然显著增加，但由于生产、生活中产生的废弃物也都来自于自然，废弃物的产生量仍然可以由生态系统自然分解，并实现与自然界之间的永续循环。因此，在农业文明时代，基本不存在废弃物处置的压力，也就没有相应的废弃物处理制度。

3.1.1.2 从农业文明到工业文明

在农业社会，人类学会利用自然界种植农作物，开始放牧牲畜，开发水利、修建宫室等大规模的改造自然的活动。人类主要生产方式是农业或牧业，依靠人力耕作、放牧，该收获主要受到气候、地理环境等自然条件的影响。总体上，农业社会中人类认识和改造自然的能力有了很大提高，开始有意识地思考如何改变周围的环境以提升生产力，这一时期与原始狩猎社会的简单采集捕获食物不同，农业社会开始的农业生产是人类有明确目的的能动的利用自然、改造自然的生产活动。农业社会是以人力、蓄力为主的生产实践活动，由于技术决定的生产力水平低下，客观上要求更多的人口繁衍才能够获得更多的物质资料；同时，相对于狩猎社会简单依靠自然采集食物的生存方式，农业社会用以满足人类温饱的食物资源更加丰富与稳定，也促成了人类繁衍速度加快。为了维持人类的生存和发展需要，越来越多的森林、草原被砍伐、开垦，以扩大种植面积与动植物养殖规模。然而，人口的过快繁衍导致了占用的自然资源的日益增多，森林、草地、湖泊等日益减少，加速了自然生态的破坏。由于农业文明时代生产力的相对落后，对自然的开发与改造有所行动，但是力度较小，所以对于自然生态的破坏也是相对缓慢、不易觉察的，其危害程度与未来工业时代相比相对较轻。然而，有限的农业资源与持续增长的人口数量形成尖锐矛盾，严重制约了农业社会的快速发展。近代以来，科学技术革命的兴起使得人类生产力水平得到极大提升。18 世纪 60 年代，英国瓦特蒸汽机的发明开启了人类第一次技术革命并引发了第一次产业革命。由此推动动力工程技术的全面改革与工业各部门的机械化。生产过程中机械逐渐代替人工、蓄力劳动，转变了人类传统的利用和改造自然的生产方式。科学技术造就了社会生产力的巨大进步。机械设备的大量制造，生产出极大丰富的物质产品，满足人类消费，以及与此伴随的社会基础设施的大量建设，使得自然资源、能源的开采、消耗日渐增加。科学技术的发明与广泛应用使得人类生产力与生产方式较之农业社会发生了本质的变化，也预示着人类文明由农业文明进入到了近代工业文明。

在工业文明发展和演变过程中，科学技术得到持续快速发展，人类物质消费得到极大丰富的同时，其物质享乐欲望也日益膨胀。第一次技术革命带来的“机器代替手工劳动”的成果，也越来越不能满足仍然处于繁重体力劳动下与较低效率工业化生产模式下的消费需求。于是，在19世纪70年代—20世纪初在德国和美国发生了以电能的应用、内燃机的出现为标志的第二次技术革命。电力技术、内燃机技术、化学能与人工合成技术等的发明与应用，使得人类生产效率大大提升，工业化生产逐渐走向大规模的自动化、高速化模式，人类改造自然、利用自然的能力大大增强。至此，人类对自然界的改造由农业文明的生态系统扩展至地球上的一切自然系统，即整个生物圈。基于人类享乐欲望的无限增长与资本的增值本性促使人类盲目地改造自然、征服自然，导致人类面临环境污染、生态破坏，人类的生存和发展面临严重的挑战。

工业文明首先在西方发达国家爆发，由此引致的自然生态问题自然也首先在这些国家出现。为了缓解日渐严重的资源枯竭与环境污染问题，西方发达国家首先爆发了环境保护运动，各项环保法规也陆续出台。以关注环境、劳动保障与劳工职业健康等多方面内容的企业社会责任概念被提出，各国政府陆续建立了以应对环境污染问题的固体废弃物处理制度、污水处理制度，以及大气环境保护制度、水资源保护制度等。这些规范措施主要针对企业在产品生产过程中产生与排放的污染物进行规制，要求企业对其产生与排放的污染物承担处理责任，以避免环境污染。这体现了对企业生产过程中的环境污染问题的解决。

3.1.1.3 从工业文明到信息文明

进入20世纪80年代以后，经过几十年的孕育，人类发动了以电子信息技术的巨大变革为标志的第四次技术革命，即信息技术革命。事实上，信息技术伴随着人类社会的产生而存在，并随着科学技术的发展而不断变革。此次信息技术革命使得人类利用信息的手段发生了质的变化，其核心内涵是以现代信息技术为手段，以信息经济为基础，以在信息资源的有效开发的基础上实现对物质资源的充分利用（齐建国，2016）。信息技术的运用使得以机器为载体的信息技术的逻辑计算能力取代了人的部分脑力劳动，扩大和延伸了人类感官、神经与思维的功能，使得可以从事更富有创造性的劳动。信息技术带来的第三次产业革命为人类提供了新的生产手段，工业文明下人类生产、生活和社会运转方式发生巨大变化，引起了人类经济和社会的巨大变革，人类逐渐由工业文明步入一种新的文明形态——信息文明。

信息技术革命改变了人类利用与处理自然界信息的手段，但是并没有从根本上改变人类与自然界之间的物质能量转换关系，而只是提高了利用、处理自然界资源生产、加工物质产品的效率，从这个角度上来看，信息技术的广泛而深入地应用，正在促使人类更多、更快地消耗自然资源和能源（齐建国，2016），更加迅速且大量地导致了废弃物的产生。特别是电子电器等产品的广泛应用，导致了大量的短期内不易被自然界消解的废弃物，正在成为当代环境污染的新来源。因此，从本质上看，信息文明不但不能从根本上消除，甚至是在加剧工业文明带来的人类与自然界之间的矛盾（齐建国，2016）。

3.1.1.4 对生态文明的呼唤

工业文明和信息文明带给人类丰富多彩又方便便捷的生活，生产力水平大幅提升的同时，并未从根本上有效解决其自身带来的资源环境问题。本质上，工业文明是一种以消耗大量资源环境为代价的粗放式经济增长模式的文明形态，也就是说，工业文明不是一种可以没有资源环境消耗，或者资源环境减量化消耗的生产模式下仍然能够实现经济增长的文明形态。已经实现高度发达的工业经济的西方发达国家的实践表明，发达的科学技术并没有降低资源环境的消耗，反而使得消耗量更多，消耗速度更快。这说明，没有生产、生活方式、生产力等文明或文化的根本转型，无法从根本上突破经济增长与资源环境消耗与保护之间的矛盾（齐建国，2016）。因此，能够保持良好自然生态平衡的基础上，满足以能源、资源的可持续性供给的人类永续发展的路径只有一条，那就是要实现没有污染、没有生态破坏的经济发展，而这正是生态文明理念下的经济增长方式的内在要求，要真正实现这样的经济发展方式，关键是要把科学技术创新方向与制度改革转变到无污染和不破坏生态环境的方向上来（齐建国，2016）。

3.1.1.5 生态文明与中国

从理论上讲，工业文明及其伴随的资源环境危机问题首先在西方发达国家爆发，生态文明的发展理念理应在西方发达国家最先提出，然而事实却并非如此。这是因为，一方面发达国家强大的技术、资金下的对资源环境问题的末端治理使得生态危机得以缓解；另一方面，基于西方发达的工业文明所具有的巨大惯性还要持续一段时间；同时，为缓解本国经济增长所带来的生态问题，不断向不发达地区和国家转移生态成本。正是基于以上综合因素的影响导致生态文明不可能首先在发达国家提出。

中国传统历史文化中蕴含着丰富的生态伦理思想、生态和谐观，为生态文明理念在中国的诞生与实践提供了久远的历史渊源与深厚的哲学基础。为防止经济发展过程中资源消耗与环境污染问题的进一步发展，探索可持续性的具有中国特色的经济发展模式，新型工业化道路、科学发展观、和谐社会、资源节约型、环境友好型社会建设等一系列崭新的政治理念被相继提出，为中国生态文明的兴起奠定了最根本的政治前提与制度基础；与此伴随的广泛而深入的经济发展与建设实践为生态文明的催生提供了最坚实的社会根基。中国是一个正处于工业化中后期阶段的发展中国家，改革开放以来，工业化的快速发展使得城市地区已经形成了初具规模的工业文明体系，国民经济获得了前所未有的持续快速增长。然而，粗放的经济发展方式使得经济增长量获得快速提升的同时，却付出了昂贵的资源环境代价。2013 年以来，全国范围的、高频度、日益严重的雾霾天气，越来越多的河流污染等现象告诉我们，必须转变高消耗、低产出、低效率的经济增长方式，必须加快由工业文明向生态文明的转型。

中国政府早在 20 世纪 90 年代后期就提出了“生态文明”理念。1999 年时任国务院副总理的温家宝提出“21 世纪将是一个生态文明的世纪”；十六大提出了生态文明的初步设想；十七大首次把生态文明写入党的报告；十八大提出要“把生态文明建设放在突出地位”；十八届三中全会进一步提出“必须建立系统完整的生态文明制度体系”，进一步明确要全面深化生态文明体制改革；十八届四中全会提出要“加快建立有效约束开发行为和促进绿色发展、循环发展、低碳发展的生态文明法律制度”，具体勾画了生态文明的法律制度工作。如此，分别从建设、改革与立法三个维度，一步步深化了对生态文明的认识，对生态文明建设做出了顶层设计和总体部署（郭兆晖，2015）。这是中国共产党顺应时代发展潮流做出的伟大的理论创新与实践探索，必将启动中国由工业文明向生态文明转型的新阶段。

3.1.2 生态文明的内涵与特征

3.1.2.1 生态文明内涵

生态文明是人类发展物质文明的过程中遭遇各种客观环境压力和主观认识提升中缓慢发展和探索出来的与自然界和平共处可持续发展的成果。人类自身的自然属性决定了人类是自然界系统的一个重要组成部分，人类与自然的协调发展是人类内在的精神需要与存在方式。从文明形态演变来看，生态文明是继原始与狩猎文明、农业文明与工业文明之后的人类社会的一种全新的文明形态。

20 世纪 60 年代以后有关生态文明的理论研究开始加速，国外的有关研究也逐渐步入正轨。我国生态文明的研究起步于 20 世纪 80 年代后期。关于生态文明的概念内涵目前还没有一个统一的界定，总体上主要有以下观点：

第一，生态文明指人类与自然的和谐相处。有学者提出“人类要尊重自身首先要尊重自然，生态文明所提供的基本观念是全球生态环境系统整体观念和系统中诸因素相互联系、相互制约的观念”（王鹏远，2006）；有学者从发展哲学的角度出发，认为生态文明是人与物、人与自然和谐共生的文明（高长江，2000）；另外，还有的学者提出要把人类发展与自然生态保护联系起来，在确保生态环境保护的前提下实现人类经济社会的发展（姬振海，2007）。以上概念表述基本表明了人类与自然界是部分与整体的关系，或者是平等关系，而不是主从关系，人类在利用与改造客观世界的各种实践活动中，首先要尊重自然，要以人类与生态环境的共存为价值取向，在自然规律允许的范围内与其实现物质能量交换，从而实现自然生态平衡与人类经济社会发展目标的一致，否则必然会遭到自然的报复。

第二，生态文明不仅体现在人类与自然的和谐关系上，还包括人与人、人与社会的和谐关系。有学者指出，生态危机主要是人类生产、生活方式和社会组织形式的危机，为此，人与自然关系的生态化主要依赖于人与人之间、人与社会之间关系的生态化（王鹏远，2006）；还有学者认为生态文明是社会文明的生态化，也就是说生态文明的实现主要是社会文明的绿色生态化转变，人类在利用和改造自然界的过程中要注重逐渐地改善和优化人与自然、人与人、人与社会的关系（刘智峰，2005）；还有学者认为，生态文明是人类生存与发展过程中对自身行为造成的负面影响效应逐渐深化认识并进行优化的过程与程度（姬振海，2007）。这些概念要求社会系统的生态化，具体表现在社会上各种关系的相互和谐，实现人类的所有的实践活动在处理好人与自然的协调发展关系的基础上，满足经济社会发展过程中人类的物质需求与精神需求。

第三，生态文明内涵具有广义与狭义的区分。有学者认为广义上，生态文明是继工业文明之后人类社会发展的一个新阶段；狭义的生态文明是指文明的一个方面，是相对于物质文明、精神文明等，人类在处理与自然界关系时所达到的文明程度（沈国明，2005）。还有学者认为，广义的生态文明，指在社会的各个方面，一方面要实现人与自然的和谐，另一方面也要实现人与人、人与社会的和谐，指全方位的和谐；而狭义的生态文明，仅仅指社会发展的经济方面，即人与自然的和谐发展（刘智峰，2005）。

第四，生态文明是人类遵循事物客观发展规律，实现人与自然、人与社会、人与人的和谐发展与全面发展的物质成果与精神成果的综合表现。其中既包含了人与自然及其人类社会内部之间的和谐关系，又包括了人类发展过程中的物质与精神与可持续发展内容，内涵表述全面，为多数学者所认可。

综上所述，笔者认为，关于生态文明内涵应分别在广义和狭义两个层面加以界定和理解，还需要进一步结合我国国情，在具体实践的基础上进一步考察和分析。广义的生态文明，首先是一种发展理念，再指人类社会发展的新时代。作为一种发展理念，生态文明要求以保护、尊重自然为前提，在建设良好有序的生态运行机制的基础上，将生态原则贯彻到经济社会的各个领域，尊重事物发展的自身规律和秩序，促进和保持人与自然、人与人、人与社会等自然生态与社会系统各要素之间的竞争与和谐共生（郑艳玲，2016）。狭义的生态文明，则是指与政治、经济、文化以及和谐社会相对应的生态环境修复、治理，以及空间优化和生态环境质量的逐步提高（李学锋，2014）。要求以资源环境承载力为基础，以建立可持续的产业结构、生产方式和消费模式以及增强可持续发展能力为着眼点（周生贤，2009），其特征主要表现为思想观念、生产技术、目标与行为，以及伦理价值观与世界观的大转变（高德明，2009）。

3.1.2.2　生态文明特征

特征，指一个客体或一组客体特性的抽象结果，具有本质特征与区别特征之分。生态文明特征，指反映生态文明根本特性的本质性特征。

文明的延续与发展是历史逐渐沉淀的过程。生态文明从概念的提出到逐渐发展上升至多个国家的治国理念与发展战略，其内涵也在不断发展与丰富之中，为充分了解生态文明发展内涵的演变与趋向，需要深刻理解生态文明的主要特征。

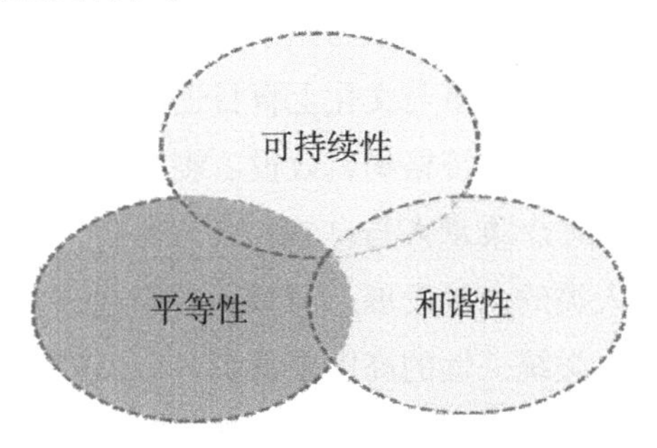

图 3－2　生态文明的特征

（1）可持续性。

可持续性是人类基于工业文明资源枯竭、环境被破坏的背景下生态文明概念被提出的价值基础。人类是自然界的一部分，资源与自然环境是人类社会的可持续发展的必要条件。工业化大生产背景下的传统经济发展与消费方式，日益加速了自然环境的衰败与资源供给的衰减。这种粗放式的经济发展模式本质上是反自然的，长此以往，等到资源耗尽、生态崩溃，人类社会将出现不可持续的问题。没有可持续的资源与环境，就没有可持续的人类社会发展，只有尊重自然的“内在价值”和自然规律，维护人与自然的协调发展，保持自然生态的可持续的自我修复能力，才能真正使得资源、能源持续性供给。

（2）平等性。

生态整体自然观认为，人类是自然界这个复杂系统的一部分，在自然界人类与其他物种都是平等的，自然生态系统内部各组成部分之间都是相互联系、相互制约的，各自都有其分工，从而保证、维持整个生态系统的稳定与完整。生态文明时代就是要消除工业文明背景下人与自然的不平等关系、世界范围内发达国家与发展中国家的不平等地位，以及国家内部社会成员之间在经济与社会发展方面的资源与机会分配上的不平等，以实现各主体的充分发展。一是消除人与自然的不平等关系。工业文明时代“人类中心主义”价值观指导下，人类社会的发展建立在对自然界疯狂掠夺的基础上，人类是征服自然、改造自然的主人；而与此相对，生态文明理念则倡导人类与自然的平等地位。这种平等性还体现在人类内部的人与人之间、国家与国家之间。工业文明背景下，少数发达国家在政治、经济、军事与文化上盲目追求霸权主义，创建对其有益的、不合理的国际政治经济格局，奴役、剥削多数国家，以保持本民族的发展。生态文明理念秉承人与自然、人与社会、人与人之间的和谐发展，致力于实现人类的永续发展。而对于国家这一人类社会组织方式的管理，当然要从人类统一性的高度来认识各个民族、国家的存在，及其相互的平等地位，任何国家的生存与发展都要以其他国家的存在和发展为前提，其发展不能影响其他民族和国家的利益，人类是一个密不可分的整体（韩萌，2014）。

在同一国家内部生态文明强调全体社会成员在生态系统保护与享有良好生态环境上拥有公正平等的权利与义务。另外，人类还要在实现代内公正品等的基础上，不能损害后代发展所必需的自然资源与环境条件，追求代际的公平。

（3）和谐性。

生态危机是基于工业文明背景下人与自然的不和谐关系而爆发的。而生态文明倡导要正确认识自然、尊重自然，厘清人类生存发展与自然界的依存关系，倡导人类要尊重自然界、人类社会各项事务内部各组成部分，及其相互之间的相互制约、相互联系的客观发展规律，倡导人与自然、人与社会、人与人之间和谐、友好相处。人类想利用自然、改造自然的经济社会发展过程中对自然资源的开采利用，造成的环境影响与生态破坏一定保持在自然生态阈值范围内，做到有效开发、可持续利用自然资源。

总之，生态文明体现了在保护环境、平衡生态的基础上实现经济社会可持续发展的思想，总体上倡导的是人与自然的和谐，符合人类的根本利益。

3.2 生产者责任延伸制度概述

3.2.1 生产者责任延伸制度的产生与发展

3.2.1.1 EPR 制度的产生背景

人类历经漫长的历史进程，在生产力水平极其低下的原始社会与农牧业社会，人类生存所需的物质产品无非是直接采摘的植物、捕获的猎物等，消费后产生的动植物遗骸等废弃物，可通过简单的填埋、焚烧等手段直接返还自然界，由生态系统自然降解、消耗，最终又回归成为大自然的一部分，基本不会对自然环境造成污染（钟宏昆，2014）。

进入工业化社会以来，工业技术的发明引发了人类对自然资源的大量开采与消耗，伴随着大量物质产品生产、消费后，废弃物大量排放，其粗放的经济发展方式严重破坏了生态系统的良性循环，人类面临资源短缺、环境污染和生态退化的多重惩罚。生产力的巨大提高与资本的增值本性与人类物质欲望的日益膨胀一度激发了人类的过度生产与大量消费，其直接后果便是废弃物的数量剧增（周昱，2008）。一直以来，对这些废弃物的处置方式一般是采取焚烧或者填埋方式。然而，随着固体废弃物的多样化与数量的与日俱增，这些简单的处置方式逐渐暴露出一些弊端：一是废弃物处置所需资金数额越来越大，填埋所需的土地资源数量也越来越大；二是由于废弃物种类的多样化，一些废弃物中可能含有特殊化学物质在焚烧过程中可能产生化学反应，还有部分废弃物属于有毒的危害性物质被填埋地下，会对土壤造成较长期的污染，如此对一些特殊的废弃物的简单的不当处置容易造成二次污染；三是废弃产品中可能含有大量的可再次循环使用的资源，被简单处置使得资源大量浪费。

废弃产品的处置难题对于传统的调节经济、社会与环境发展的政策产生了巨大的冲击。譬如，私法在本质上只能调整私人之间的关系，侵权法则只能就特定的人对特定人施加的确定性侵害予以认定与规范，而在以废弃物引发的污染问题，其加害人不特定，其受害人也不特定，或对其加害行为及其后果仍具不确定性特征的行为规范难以适用；物权法也无法涵盖以空气、水域等为主的环境要素范围（马洪，2009）；以及传统的产品责任（产品侵权岁还赔偿责任）仅规定了生产者对产品本身的缺陷问题承担责任，并不能解决工业化发展引起的日益严重的废弃物污染问题（田海峰，2016）。

为了遏制废弃物污染及其传统的处置手段带来的二次污染问题，最大限度地减少进入废弃处置领域的废弃物数量和种类，美国、德国、日本等发达国家基本达成共识，先后发布了旨在高效处置利用废弃物的法律法规，总体上法规的重心逐渐从废弃物的末端处置逐渐转向基于源头控制的减少废弃物的产生（马洪，2009）。

美国在1976年颁布《资源保护回收法》（分别于1984、1986年修订)。该法规定固体废弃物的处置过程中以保护人类身体健康、保护自然环境为宗旨，实现废弃物的回收和再次利用，以节约能源和自然资源，最终目的在于减少甚至消除固体废弃物。德国在1972年颁布《废弃物处理法》，法令中确定了如何无害化处置废弃物，即废弃物的末端治理原则；1986年该法更名为《废弃物法》，由之前的废弃物处置原则演变为如何避免废弃物的产生，提出了废弃物产生的预防优先原则，并对废弃物处置后的回收利用进行了规定，同时也对生产者责任延伸责任的部分内容进行了规定。日本于1970年颁布《废弃物处理法》（分别于1976、1991、1992、1997年进行修订）、1991年颁布《再生资源利用促进法》、1995年颁布《容器包装再利用法》、1998年颁布《家电再利用法》，这些法规从废弃物处置与资源再生性利用的统领性法规，再到针对具体到某一产品领域的实施细则，其法律内容的重心逐渐从废弃物的处置逐渐转向减少废弃物的产生（马洪，2009）。

然而，这些法规一般仅仅对回收企业做出了相关要求；由于自身的趋利性又导致了回收企业不能进行有利于环境的废弃物处置。再加上，传统思维下废弃物处置往往被视为是政府的职责，而高昂的回收利用成本又使得政府回收这一做法不经济。因此，现行环境政策实施的成效不显著，面临日益严重的废弃物污染和能源危机，促使人们开始思考如何将两个问题结合，构建一个合理而有效的废弃物资源化循环利用体系。

3.2.1.2 EPR制度的提出与发展

EPR思想最早于1975年在瑞典一个关于废弃物循环利用议案中提出。该议案中明确提出，处于环境保护和资源节约的考虑，生产者应当负责对产品生产过程中产生的废弃物进行适当处理，同时建议生产者在产品生产前就应该考虑产品在生产过程与产品消费后废弃物如何处置的问题（田海峰，2016）。从以上表述可以看出，该议案中明确规定了瑞典在废弃物处置责任问题，制造者在产品制造前就应该预期该产品在生产过程中，以及在消费过程中、消费后可能产生的废弃物，及其对环境的影响，并考虑合适的方式处置方式，以确保资源节约，降低环境影响。尽管该法案，及其在以后瑞典的其他官方文件中关于“制造者的责任”的关键词被多次提及，但在其立法中并没有明确要求制造者对其产品消费后阶段废弃物的处置责任，直至1987年，瑞典的相关研究报告中又开始提到产品制造者的特殊角色（周昱，2008）。

EPR概念则是瑞典环境经济学家托马斯·林德维斯特（Thomas. Lindhqvist）于1988年在给瑞典环境署的报告中正式使用并提出的。Lindhqvist指出，“EPR是一项环境保护战略”，该制度的实施主要在于通过要求生产者承担产品的整个生命周期内，特别是消费后阶段废弃物的回收、利用与处置责任，以此降低产品对环境的不良影响（唐绍均，2007）。1995年，托马斯把EPR修订为“一项政策原则”，这个提法是对“环境保护战略”的一种修正。2000年，Lindhqvist在其博士论文中对EPR概念进行了修正（Lindhqvist，2000），认为EPR制度是将生产者的责任延伸到产品整个生命周期的各个阶段，特别是产品回收、循环以及最终处置阶段，由此改进产品系统整个生命周期环境绩效的一种政策原则。Reijnders从EPR基本原则的角度对EPR进行了定义，将生产者的环境责任由产品生产过程中的污染物环境影响延伸到产品使用废弃后的处理责任（Reijnders，2003）。

Wilt等人重点在生产者责任的范围与类型方面做出对EPR制度概念进行了定义，特别强调了生产者在产品生命周期各环节的环境责任，包括产品生产上游的原材料选取，中游的产品生产过程，以及下游的产品使用与处置等各阶段对环境造成的影响承担相应的法律与经济责任（Wilt，1995），由此激励生产者在产品设计时就要考虑将产品在生产、使用及废弃过程中把对环境的影响降至最小。

世界经合组织（OECD，Organization for Economic Co - operation and Development）对EPR的理解有一个探索的过程，1998年界定EPR，指出产品的制造者、进口商需要对产品生命周期内的环境影响承担主要责任，包括上游的产品设计、原材料选择，中游产品生产过程，下游产品的使用、废弃与处置过程中所产生的影响责任（李艳萍，2005）。这一定义将生产者责任明确划分为上游、中游与下游责任。2001年在其工作报告中将EPR界定为一项环境政策（林晖，2010），指出“将生产者对产品所负有的责任，包括行为的和财务的，扩展到产品生命周期的消费后阶段的一种环境政策方法”，将EPR内涵进一步细化，明确上游责任是生产者具有为减少环境影响选择绿色生态化原材料、进行生态化产品设计责任，以及不能通过产品设计来消除对环境影响的情况下产品中游阶段需要担负责任，下游责任则是产品废弃后的回收处理责任。这个定义也被XEROX、SONY、Electroux、HP等大制造业公司所采用，而且这些企业已经开始从它们产品生命周期中发现商业价值（OECD，2001）。

欧盟从立法上对EPR进行界定，指出生产者必须负责产品使用完毕后的回收、再生和处理的责任（OECD，1997），这一界定突出强调了产品废弃后的处置责任由生产者承担。

Davis则赋予EPR一个更加广义的概念，他认为EPR是一种理念，即产品的制造商和进口商对其产品的整个生命周期的环境影响承担一定程度的责任，包括上游为产品选择材料、制造商的生产过程本身，下游的产品使用和废品处理等过程中固有的环境影响（徐伟敏，2005）。这一概念将生产者的环境责任涵盖了产品整个生命周期。

Lifset，Lindhqvist（2008）在其论文中指出EPR作为政策工具的创建初衷通过这一政策策略，实现环境友好型产品设计提供持续性激励。他们的想法是，如果生产者负责最终的废弃产品的处置责任，基于成本最小、利益最大化原则，生产者会通过预测最终成本而优化其产品设计以尽量减少成本，获得最佳利益。他们认为，EPR概念创建者的初衷在于实现EPR政策方案的动态性，生产者将按照不同情况而采取不同的行为措施，不需要政府的具体指示，生产者能够主动寻求最具创新性和成本效率的方式实现EPR。

在EPR的语言表述上，除“生产者责任延伸”外，还有产品延伸责任、产品监护责任、产品和生产者责任延伸，以及产品政策等，这些概念都基本强调了生产者对废弃物所承担的责任，但是在内涵上仍有细微差别。

以美国为代表的研究派别在处置项目终止/停产（End - of - life ，

EOL）产品问题时，突出强调了产品链条上的制造（进口）商、分销商与消费者等所有相关主体共同承担产品废弃后的环境责任，即采取“分享责任”模式。1996年美国可持续发展总统委员会在《EPR政策建议书》中将EPR定义为：“延伸产品责任是一项新兴的实践，主要考虑到从设计到废置的产品整个生命周期内实现资源节约与预防污染的目的。在延伸产品责任体系中，产品及废弃物的环境影响责任将由制造商、供应商、用户（公共和私人用户）及废弃物处置单位共同承担。延伸产品责任制度的目的就是识别产品链上最有能力降低产品环境影响责任的参与者作为承担延伸责任的责任主体，该责任主体视情况而定，可能是原材料的制造商，或者是最终用户或其他。”（许志端，2005）由此定义可以看出，美国的“分享责任”认为，需要承担产品废弃物的回收利用等延伸责任的不仅仅是产品的生产者，还包括产品链上的其他相关主体，比如销售者、消费者等。与“延伸责任”侧重的以生产者主要承担者的承担方式，主要以激励生产者在产品设计、原材料选择等阶段就开始考虑产品生命周期内环境影响成本的这一制度设计相对应；“分享责任”在实践中规定了更加全面的责任主体，突出强调了各主体责任的分担问题，在具体实践中更加倾向于以责任主体自愿承担方式为主，这种责任模式相对缺乏对生产者责任的法律约束力，相对缺乏生产者在产品生态化设计与原材料绿色化选择的压力与动力。

总体上看，生产者责任延伸制度突破了传统生产者责任理论的“产品质量责任”与传统法学理论中“污染防治责任”的框架限制，以循环经济发展、建设节约型社会与环境保护为出发点，将产品生命周期内的产品设计、生产过程、产品销售直到产品末端等各阶段所要承担的责任有机地统一在一起（王兆华，2006）。

以上各位学者从各自的角度对EPR进行的的定义与内涵各有差异，有的学者强调产品废弃后的回收利用与处置责任；有的学者则认为生产者在承担废弃后产品的处置责任的同时，还应鼓励生产者在产品设计阶段就考虑其可能造成的环境影响，即将生产者的责任由产品中游的生产过程阶段，分别向其上游、下游延伸，要求生产者在产品生命周期内的产品设计、原材料选择、产品生产过程、产品环境信息披露，以及产品消费后废弃物的回收、利用与弃置等各个阶段中的环境影响承担责任。有学者认为，两种定义的差异只是形式上的，即使只要求生产者承担其废弃产品的回收处置责任，基于成本与利益考虑，生产者也必然有动力自觉选择环境友好的原材料、改进生产工艺（谷德近，2003；田海峰，2016），以减少产品对环境的影响。

1986 年，德国修订《废弃物避免和处置法》，法令的重点将如何处置废弃物的问题，转向如何避免废弃物的产生，并对生产者在废弃物问题上以预防优先原则，废弃物回收则用责任内容做了初步规定（马洪，2009）；1991 年德国率先在包装物领域实施 EPR 制度，制定《包装物法令》确立了包装物生产者的延伸责任。1988 年，荷兰环境部在《关于预防和循环利用废物的备忘录》中指出："产品的设计者和生产者应该考虑到产品在废弃时对环境产生的影响，并承担一定的责任"，从以上表述可以看出，荷兰产品"设计者"也纳入到了"生产者"范围（林晖，2010）。

3.2.2 生产者责任延伸制度的内涵与特征

3.2.2.1 生产者责任延伸制度的概念

基于各个国家和组织不同的环境与实践背景，生产者责任延伸制度的理论内涵与范畴历经长期的争论和思辨，在用语表述、研究范畴与实践范围等方面也不尽相同。在用语表述上，"生产者延伸责任"又被称为"生产者后责任""产品监护责任"与"产品延伸责任"等，结合其理论内涵主要形成了两种代表性主张：一是以欧盟为代表的以生产者为主要责任主体的"生产者延伸责任"，二是以美国为代表的以产品链条重要环节上最有能力降低产品环境影响的责任主体承担责任的"产品延伸责任"。相对来讲"生产者延伸责任"被更多的国家所接受。在生产者的"延伸范围"方面，各国法规中也有不同的体现，有的认为责任应只限于产品周期的下游，即产品废弃后的回收处置阶段；而有的则认为这种责任延伸应双向延伸至产品的上游和下游阶段。不同定义之间的区别如表3－1所示（赵一平，2008）。

表3－1　生产者责任延伸概念的不同定义

概念角度	生产者责任	产品责任
代表地区	欧盟及多数成员国	美国、加拿大等国家
“延伸”的含义	延伸主体责任范围	在“延伸”基础上的共同承担
“生产者”范围	制造商和进口商	制造商、进口商、分销商、消费者及处置者
主张的模式	政府强制实施	相关主体协商达成自愿性协议
利弊分析	具有法律约束力，管理费用高	缺乏实施的法律保障，企业自愿参与，交易成本低

笔者认为“生产者延伸责任”的概念表述更能体现制度设计初衷。生产者延伸责任是指以生产者为主的销售者、消费者、政府等责任主体对产品生命周期内各个阶段的环境影响承担责任，具体包括产品上游的绿色原材料选择与生态化设计责任，中游的产品清洁生产与产品环境信息披露责任，以及下游的产品消费后废弃物的回收、循环利用与最终处置责任等。

3.2.2.2　生产者责任延伸制度的生产者责任界定

Lindhqvist将生产者的延伸责任划分为产品责任、经济责任、物质责任、信息责任、所有权责任等五种基本类型（Lindhqvist，1998；Lindhqvist，2000）。OECD在《政府实施EPR的指导手册》中对生产者责任延伸制度责任类型与内容的界定基本沿用了这五种类型，并突出强调了生产者的物质责任和经济责任（OECD，2001）。

具体而言，这五种责任分别是以下几点（Lindhqvist，1998）：

（1）产品责任，指生产者对产品本身，由于产品生产原材料成分或产品质量问题等原因造成的环境或安全损害承担责任，该责任不仅仅存在于产品使用阶段，还存在于产品消费废弃后，甚至存在产品生产过程或产品生命周期的任何阶段，具体责任的承担范围则有相应立法确定。

（2）经济责任，指生产者支付的用于产品废弃后的收集、分类、拆解与处置费用的全部或部分费用，这些费用可以以直接支付的方式，也可以通过税收的方式承担。

（3）物质责任，指生产者负有对产品消费使用后废弃物进行的直接或间接的处置与管理责任，具体包括废弃物的收集、分类、拆解与循环利用，以及无害化处置等责任。

（4）信息责任，指生产者在其产品的生命周期的各个阶段有责任提供包括产品生产过程中，及其产品本身可能带来的环境影响信息，如产品所使用的原料与物质成分，产品所包含的有毒物质披露清单，产品的能源信息、环保标志等，以确保产品废弃后的回收处理。

（5）所有权责任，指生产者在其产品的整个生命周期内保留对产品的所有权，产品的出售仅仅是产品使用权的出售，生产者对产品的环境影响承担责任。

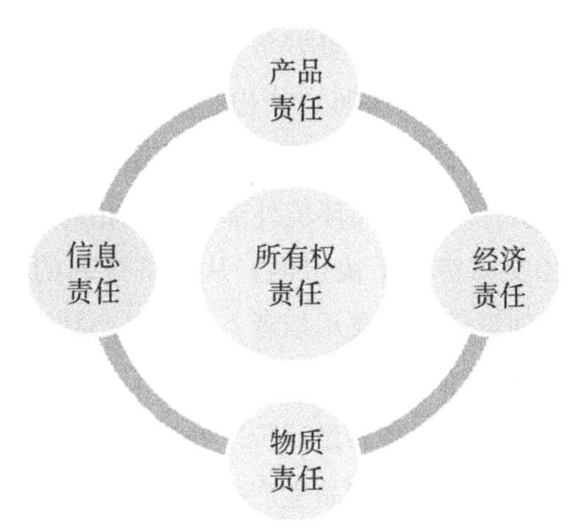

图 3－3　生产者责任延伸制度生产者责任类型

3.2.2.2　生产者责任延伸制度的基本要素

生产者责任延伸制度的基本要素主要包括责任主体、责任客体、责任内容三个方面。

1. 责任主体

责任主体，即生产者责任延伸制度所规定的延伸责任的承担者。从 EPR 制度概念内涵可以看出，“生产者”是延伸责任承担的最重要的责任主体，主要承担产品设计、产品的清洁生产、产品信息披露，及其产品消费后的废置责任等延伸责任；产品销售者、消费者则在产品分类回收等方面承担部分责任；另外，生产者责任延伸制度的顺利实施，也离不开政府在制度立法、配套制度保障等方面提供的宏观调控与监管。为此，生产者责任延伸制度所规定的产品生命周期内各阶段的环境影响责任，应由以生产者为主的，包括销售者、消费者、政府等在内的各相关方共同承担。一般情况下，对于进口产品，其延伸责任则由进口者承担。

之所以把生产者作为延伸责任的主要承担主体，主要基于以下几点分析：

（1）从交易费用的角度分析。

一直以来，产品消费后产生的废弃物处置问题均由政府来埋单。EPR 制度之所以要求生产者来承担废弃物处置责任并不仅仅是因为生产者是产品的制造者就要对废弃物处置负责。关于废弃产品处置责任的初始产权的配置问题，Sachs（2006）指出，应由产品生命周期的各参与主体的交易费用决定。为此，生产者责任延伸制度所要求的生产者来承担产品环境外部性责任（“产品环境外部性”是相对于“生产过程的外部性”概念）是由交易费用所决定的。从经济效率的角度来看，将哪个责任主体作为延伸责任的主要承担者，应该以产品链上能够以最低成本避免“产品环境外部性”为原则来选择。由于产品的潜在环境影响很大程度上在原材料选择与产品设计阶段就已经注定，因此生产者作为产品的设计者、制造者能够在产品生产的源头预防、控制产品潜在环境影响程度，能以最低的成本避免并处置废弃物问题，可以有效降低环境监管成本。

（2）从社会责任和公平责任的角度分析。

生产者是工业化大生产的基本践行单位，是现代经济发展的推动者，生产者的生产运作方式与理念决定了经济整体发展模式及其对资源、环境的影响。在经济发展的初期阶段，为满足公众日益增长的物质产品需求，生产者基于自身利益的最大化，资源、能源被大量开采、低效地消耗，粗放式的经济发展方式很快造成了资源的短缺与环境的污染。从社会责任和公平责任的角度来看，生产者责无旁贷地应该担当起产品的延伸责任，履行其环境保护的义务（尤海林，2012）。而且，生产者责任延伸制度所规定的生产者所要承担的，譬如产品设计、产品生产过程、产品信息披露，以及废弃产品的回收利用与处置等产品生命周期内的环境影响责任；实质上生产者作为产品的制造者，在其产品在原材料选择与产品设计等源头阶段拥有自主决策权，生产者在废弃产品处置等延伸责任的承担，使其有动力在此阶段采取对其有利的，能够实现利润最大化的决策，从而实现废弃物的最大程度的循环再生性利用与无害化处置。

（3）从生产者责任延伸制实施效果角度分析。

生产者责任延伸制度产生即是为了解决废弃产品的环境污染问题，其宗旨是实现减少废弃物的产生与废弃物的无害化处置。有学者认为，之所以将生产者作为废弃物回收的责任主体，主要基于以下几个方面的理由（鲍健强，2007）。

①生产者作为产品设计者与制造者，对于产品的材料构成、产品结构设计等方面是最了解的。因而，从知识成本的角度来看，由生产者负责对废弃产品进行拆解、循环利用与无害化处置，其所花费的成本远远小于其他主体，有利于实现社会成本的最小化。

②生产者不仅仅对其生产的产品的废弃物处置具有知识成本上的优势，在技术上同样更具优势。生产者可以通过生产流程的逆向操作实现对产品的拆解，并对其部分原材料循环再利用。

③生产者责任延伸制度的重点是要生产者承担废弃产品的废置责任，其最终目的是通过对废弃产品处置责任的延伸期望创造一种“追溯效应”，促使生产者在产品设计阶段就考虑到后期的产品生产及其废弃物处置的成本问题，从而采取生态化设计，从产品生产的源头阶段就减少产品对环境造成污染的可能性。

④由生产者承担废弃物的回收与处置责任有利于实现废弃物的资源化再生利用。生产者对废弃物实现回收与拆解后，部分可利用资源经处理后可直接进入生产环节，部分无法再利用的材料可转交专业单位处理。

⑤消费者是废弃物的直接产生者，但是消费者是一个相对广泛而分散的群体，由消费者直接承担废弃物处置责任，不便于政府的统一管理，由此产生的成本将是巨大的。相对来讲，由生产者承担延伸责任，政府对其进行直接管理，生产者通过责任追加、成本追加的方式追溯消费者的责任（李玮玮，2008），使得废弃物的环境外部成本及其产生的处置成本通过企业的内部化过程得以实现。

2. 责任内容的界定

EPR 制度中各责任主体应当承担各自不同的责任，清晰界定其责任内容是生产者责任延伸制度得以顺利实施的重要保障。

（1）生产者责任内容。

第一，源头预防责任。指生产者应当承担的在产品生命周期的源头上预防可能出现的环境影响责任。譬如，在原材料选择上，尽量选择易降解、能耗少，且含毒少的绿色原材料；将环境因素纳入产品设计之中，将产品潜在的环境影响降至最低。

第二，清洁生产责任。指生产者理应承担的，在产品生产过程中，尽量采用先进的生产技术和工艺，选择较清洁的能源，提高能源使用效率，以减少对环境污染的责任。

第三，产品信息披露责任。指生产者应当承担的向社会提供的产品环境危害警示与废弃后回收、处置与再生利用信息标注等责任。比如，产品中隐含的对环境和人体有害的物质成分、产品废弃后可能对环境造成的危害，以及废弃产品再生利用方式等。

第四，回收处置责任。指生产者应当承担的产品使用废弃后的回收、利用与废置责任。如，产品废弃后承担回首责任，针对能够循环利用的产品，进行拆解与再生性利用，针对无法再利用的产品进行无害化处置。

（2）销售者的责任内容。

第一，合理采购责任。指销售者作为产品生产者与消费者的中介，应当尽量选择绿色、节能与环保型产品进行销售，从而激励生产者对环保型产品的生产，同时引导消费者的绿色消费。

第二，信息宣传责任。指销售者在产品的销售过程中有义务向消费者推介环保型产品，宣传普及环保知识，以推动环保产品的销售，提高消费者绿色消费意识。

（3）消费者的责任内容。

第一，绿色消费责任。指消费者在选购、消费产品（服务）过程中具有选择绿色、节能、环保型产品（服务）的责任。

第二，节约使用责任。指消费者在使用产品时，应尽量延长所购产品的使用使用寿命，以实现资源的最大化利用。

第三、废弃物分类、返还责任。指消费者在消费使用产品将其废弃后，理应承担对废弃产品进行分类、收集，并主动返还产品销售处或指定回收地点的责任。

（4）政府的责任内容。

政府作为EPR制度的制定者与推动者，主要承担延伸责任实施的管理调控责任。其责任主要体现在政策制定与行为引导方面。为应对废弃物的污染问题，政府制定了生产者责任延伸制度的各项法规，用以规范、约束生产者严格履行延伸责任；在制度实施的推进过程中，应逐渐建立健全与EPR立法相配套的政策措施。

3. 责任客体的选择

责任客体，即EPR制度实施的废弃物领域。尽管EPR制度中要求“生产者”对其产品要承担延伸责任，但是并不意味着在制度实施的初期阶段要不加区分地要求所有产品的生产者都必须履行该责任义务。事实上，按照发达国家各国的立法实践，目前EPR制度的实施对象主要集中在包装废弃物、电子电器废弃物、废旧汽车、电池，以及轮胎等领域。

在理想状态下，所有产品的废弃物几乎都存在可供循环利用的成分，生产者责任延伸制度可以解决在所有产品的废弃物的处置问题。但是，生产者责任延伸制度在具体推行过程中将面临各种各样的问题，按照目前各国的实践情况，是不能一步到位的，而应当根据不同国家、不同地区的经济发展与废弃物处置具体问题，首先选择部分产品逐步展开。一般来讲，应首先选择那些产品覆盖范围大、污染程度高，且具有较大回收价值的产品，然后逐渐扩展到一般产品。

表 3－2　生产者责任延伸制度的基本要素

责任主体	责任内容	责任客体
生产者	源头预防责任、清洁生产责任、产品信息披露责任、回收处置责任	装废弃物、电子电器废弃物、废旧汽车、电池，以及轮胎等
销售者	合理采购责任、信息宣传责任	
消费者	绿色消费责任、节约使用责任、废弃物分类、返还责任	
政府	管理调控责任	

3.2.2.3　生产者责任延伸制度的特征

生产者责任延伸制度最显著的特点主要体现在以下两个方面（徐伟敏，2006）。

（1）实现废弃物处置责任的合理分配。

生产者责任延伸制度的提出改变了传统的由政府全部承担废弃物处置责任的模式，要求以生产者为主，包括销售者、消费者与政府共同承担产品的延伸责任，包括产品使用废弃后的分类回收、利用与废置责任。通过对生产者延伸责任的追加，实现废弃物处置成本的内部化，从而缓解政府在废弃物大量产生而处置成本逐渐上升的沉重负担，同时也有效地提高了废弃物处置效率。

（2）为生产者进行环境友好设计提供动力。

由生产者责任延伸制度概念的演变历程可以看出，不同学者对 EPR 概念内涵持不同见解，有的学者认为生产者应当承担产品生命周期的各阶段的环境影响，而有的学者则认为生产者仅需承担产品下游的废弃物的回收、循环利用与处置责任。事实上只要规定生产者承担产品的废置责任，即可通过市场机制的作用，激励生产者在废弃物处置责任的压力下为降低产品环境影响成本，自觉选择绿色原材料，采用环境友好设计，改进生产工艺进行清洁生产，从而降低成本，在竞争中获得价格优势地位。

3.3 生态文明与生产者责任延伸制度的关系

生态文明的内涵与特征体现了要尊重自然、尊重事物发展客观规律，通过人类生产方式、生活方式的生态化转变为途径，和谐处理人与自然的关系，实现经济社会的可持续发展。这正是生产者责任延伸制度所要求的最大限度地降低产品生产与消费的整个生命周期内的环境影响，这一制度措施的指导思想。从这个角度上来看，生态文明所秉承的生态环保理念正是生产者责任延伸制度设计与实施的终极目标与价值追求。EPR 制度切实体现了企业在生产方式、消费者生活方式的生态化促进，有助于在源头上减少产品的资源承载量与降低产品潜在的致污能力，有助于在生产阶段采取清洁生产方式降低过程污染物产生与排放，有助于回收、集中处理与最大限度地利用废弃物隐含的可循环利用的物质与能量，减轻废弃产品处置压力，降低环境危害。EPR 制度的实施是生态文明战略推进的有效途径与实践基础，是实现人类永续发展的必然要求。

3.3.1 生态文明是实施生产者责任延伸制度的价值追求

生态文明的内涵与特征切实展现了人类对解决生态危机深刻的理性认识，如何协调人与自然之间的矛盾关系；为了实现人类经济社会可持续发展所需的资源供给与自然环境，在经济发展过程中要将传统的以资源要素供给带动的粗放式发展方式转变为依靠科技创新提升资源使用效率、劳动生产率的集约式经济发展方式。

生产者责任延伸制度以生态学规律为指导，以消除环境影响、实现资源的减量化开采与循环利用为基本内容，追求生态文明理念下的经济社会的可持续发展，要求生产者对产品整个生命周期内的环境影响负责，以实现资源的循环利用，有效降低环境影响。这一制度规范激励了生产者在产品上游的原材料的绿色选择与产品的生态化设计，以减少产品的资源承载量，降低产品潜在的致污能力；促进生产者在产品生产过程中采用先进生产工艺进行清洁生产，从而减少废弃物排放；要求生产者承担产品废弃物的回收、利用与处置责任，以最大限度地循环利用废弃物中承载的可用资源，以减轻废弃物处置压力，降低环境污染危害，有助于实现循环经济所要求的减量化、再利用、再循环原则，切实促进了企业生产方式，消费者生活方式的生态化转变，体现了人与自然的和谐相处的实践模式。可见，生产者责任延伸制度的实施与成效，是建设生态文明的有效途径。

3.3.2 实施生产者责任延伸制度是建设生态文明的具体实践

人类与自然的友好相处及其相互作用关系是生态文明社会的基本关系。人类社会发展中进行的物质产品的生产与消费方式的生态化，及其人类生活方式的生态化转变是生态文明建设的实践基础。在生产方式上，生态文明要求在实现经济社会良好发展的同时，必须协调与资源环境的关系，人类在追求经济增长，在对自然界进行索取与排泄的同时，必须关注自然界生态的承载能力，活动范围与程度要限定在生态阈值之内。在生活方式上，生态文明倡导人们追求满足自身需要而又不损害环境的生活，反对过度消费和过分追求物质享受的生活模式，这就要求人们建立绿色消费意识，实现整个社会合理的消费结构。这些要求都与生产者责任延伸制度中的实践要求相一致。

生产者责任延伸制度正是落实建设生态文明所需的生态化生产和生活方式的制度规范，是建设生态文明的具体实践。与传统的产品责任制度相比，生产者责任延伸制度不仅确保了产品的质量问题，更是对生产者在节约资源与保护环境方面做出了具体规定。生产者责任延伸制度是一种直接促进企业生产方式生态化转变，间接促进消费者绿色消费的制度规范，是能够有效促进人与自然、人与社会、人与人之间和谐友好相处的制度规范。

3.3.3 可持续发展是建设生态文明与生产者责任延伸制的共同追求

生态文明是人类反思工业文明时代粗放的经济发展方式带来的生态

危机背景下产生和发展起来的。生态文明以转变人类的思维观念和思维方式为精神动力，以解决人类与自然界的矛盾关系，实现经济社会的可持续发展为目标追求。

生产者责任延伸制度以可持续发展理论、环境权理论、企业社会责任等理论为指导，对以生产者为主体的各利益相关者在经济社会活动中应尽的义务和职责进行了界定与安排，通过解决废弃产品的环境污染与资源再生利用问题，最终实现经济社会的可持续发展。制度设计在本质上内涵着对可持续发展的目标追求。由此可以看出，追求人与自然的和谐、可持续发展是生态文明与 EPR 制度的一致要求。

3.4 我国生产者责任延伸制度的产生与发展

生产者责任延伸概念及立法实践于 20 世纪末引入我国后，逐渐引起学界的广泛研究与政界的重视，将 EPR 思想融入相关法规与制度中用以解决废弃物污染与将其资源化循环利用问题的相关决策很快上升到国家立法和政策层面，一系列相关立法程序相继启动。1989 年颁布的《旧水泥袋回收办法》，可被视为我国最早体现 EPR 思想的立法。该法要求水泥厂（或委托的回收单位）负责对废旧水泥袋子进行回收，并对回收标准、押金制度、回收比例等细则进行了明确规定。基于该制度实施的良好成效，政府也逐渐意识到了 EPR 立法对废弃物回收处置的重要性，因此，面向其他产品领域的相关法律法规也相继颁布。2001 年实施《报废汽车回收管理办法》对报废汽车回收企业的责任内容与惩罚进行了较详尽的规定；2006 年发布《汽车产品回收利用技术政策》提出要加强汽车生产者责任的管理；2003 年发布《废电池污染防治技术政策》指出制造商和进口商应承担废旧电池回收处置责任，并对具体实施措施进行了明确规定；2003 年实施的《清洁生产促进法》对企业采取清洁生产方式的实施方式、监督管理，以及法律责任等给出了原则性规定；2005 年施行《电子信息产品污染防治管理办法》提出生产者应承担废弃电子信息产品的回收处置与利用责任。

以上所述法规中对生产者责任延伸思想已经有所体现。但是，EPR概念正式引入我国立法一般以《固体废物污染环境防治法》的制定为标志。2005年施行的修订后的《固体废物污染环境防治法》中明确界定了生产者范围，要求被列入强制回收目录的产品（包装物）生产者要承担废弃物的回收责任。

2009年施行的《循环经济促进法》中明确把EPR制度作为促进我国循环经济发展的六项基本原则之一。该法第十五条对生产列入强制回收目录的产品或包装物的企业必须对废弃物予以回收处置，并对实施细则进行了规定。该法第六章中对政府、生产者、销售者等责任主体不履行法律义务应承担的责任。此外，该法还对EPR具体实施的行政强制性措施、激励措施、财政措施等进行了明确规定。此后，《废弃电器电子产品回收处理管理条例》《废弃电器电子产品处理基金征收使用管理办法》等法规也相继发布、施行。2015年工业和信息化部、财政部、商务部、科技部等四部委联合发布《电器电子产品生产者责任延伸试点工作方案》，组织开展EPR制度试点工作，四川长虹电子控股集团有限公司、珠海格力电器股份有限公司、海信集团有限公司、TCL集团股份有限公司等知名家电企业均在试点名单内（曾威，2006）。

2016年12月25日国务院办公厅发布《生产者责任延伸制度推行方案》，方案中指出：

（1）生产者承担的产品资源环境责任，由原来的“生产环节”为主，延伸至“产品设计、流通消费、回收利用、废弃物处置等全生命周期”。

（2）生产者延伸责任范围界定为生态设计、再生原料使用、规范回收利用和加强信息公开等四个方面；另外，方案确定率先在电器电子产品、汽车、铅蓄电池和包装物等产品领域实施生产者责任延伸制定，并对各类产品的工作重点进行了规定。

（3）方案提出2020年生产者责任延伸制度相关政策体系将初步形成，产品生态设计取得重大进展，重点废弃物的规范化回收与循环利用率达到平均40%；2025年相关法律法规基本完善，产品生态设计普遍推行，重点产品再生资源使用率达到20%，废弃物规范化回收与利用率达到平均50%。

（4）方案强调，要进一步完善法律法规，加大政策支持力度与监管、引导力度，特别提出要以电器电子、汽车、铅蓄电池和包装物等四类产品的骨干企业履行延伸责任情况实施报告与公示制度，引入第三方机构对其执行情况进行评价核证（国务院，2016；新华社，2017）。

以上法规自实施以来，为有效应对废弃物环境污染与资源短缺问题，有力推进生态文明战略进程提供了可靠的法律保障。然而，这些规定大多为原则性、宣示性规定，内容相对不明确、不完善，缺乏刚性约束，制度实施的实际操作性不强。事实上，目前我国 EPR 的实施仅仅针对个别产品实施了不完全的 EPR 制度。随着生态文明建设的不断深入，国内外社会经济形势的变迁，EPR 制度在建设与实施过程中将逐渐暴露出一些问题和不足。

参考文献：

［1］曹雅欣. 国学与社会主义核心价值观—文明［EB/OL］.［2014 -08 -26］. http：//politics. gmw. cn/2014 -08/26/content_ 12798526. htm.

［2］申曙光，徐立幼. 从现代工业文明到生态文明［J］. 大自然探，1995，（01）.

［3］齐建国，陈新力，张芳. 论生态文明建设下的生产者责任延伸［J］. 经济纵横，2016，（12）.

［4］郭兆晖. 建设美丽中国 中国经济为什么行［M］. P212.

［5］王鹏远. 生态文明视角下的中国循环经济发展研究［D］. 南京理工大学，2006.

［6］高长江. 生态文明：21 世纪文明发展观的新维度［J］. 长白学刊，2000，（01）.

［7］姬振海. 生态文明论［M］. 北京：人民出版社，2007：2.

［8］刘智峰，黄雪松. 建设生态文明与城乡社会协调发展［J］. 池州

师专学报，2005，（06）．
[9] 姬振海．生态文明论 [M]．北京：人民出版社，2007：316.
[10] 沈国明．21 世纪生态文明环境保护 [M]．上海：上海人民出版社，2005：1.
[11] 郑艳玲，高建山，韩伏彬．生态文明建设与区域经济协调发展的绩效评价研究——以河北省为例 [J]．生态经济，2016，（12）．
[12] 李学锋，袁晓勐．城市生态文明建设重点与推进策略 [J]．人民论坛，2014，（34）．
[13] 周生贤．积极建设生态文明 [J]．求是，2009，（22）．
[14] 高德明．国内外生态文明研究概况 [J]．红旗文稿，2009，（18）．
[15] 韩萌．生态文明下我国的法治建设．[EB/OL]．[2014-10-25]．http：//elhtfy. chinacourt. org/article/detail/2014/12/id/1523815. shtml.
[16] 钟宏昆．我国生产者责任延伸法律制度实施的障碍及对策研究 [D]．广西师范大学，2014.
[17] 周昱．生产者延伸责任（EPR）制度法律研究 [D]．复旦大学，2008.
[18] 马洪．生产者延伸责任的扩张性解释 [J]．法学研究，2009，（01）．
[19] 田海峰，孙广生．EPR 政策激励机制与有效性研究——产业链视角的分析 [M]．北京：经济科学出版社，2016：16.
[20] LindhquistT.，Extended ProducerResponsibility in Cleaner Production [D]，Sweden，Ph. D，Dissertation，2000.
[21] Lindhqvist，T. Extended Producer Responsibility in Cleaner Production：Policy Principleto Promote EnivronmentalImprovementsof Product Systems [D]．Lunds Universited Doctoral Dissertation，2000.
[22] Reijnders，L. PoliciesInfluencing Cleaner Production：The Roleof Pricesand Regulation [J]．Journal of Cleaner Production，2003，03：333-338.
[23] Wilt，C. A.，G. A. Davis，U. o. T. C. f. C. Products，C. Technologies. Ex-

tended Producer Responsibility: A New Principle for a New Generation of Pollution Prevention [M] . University of Tennessee, Center for Clean Productsand Clean Technologies, 1995.

[24] 李艳萍．论延伸生产者责任制度 [J] ．环境保护，2005，(07)．

[25] 林晖．循环经济下的生产者责任延伸制度研究 [D] ．中国海洋大学，2010.

[26] OECD. ExtendedPoroducerResponsibility: AGuidanceManualforGovernments [M] . Paris: OECDPublishing, 2001.

[27] OECD. Phase2: FRAMEWORKREPORT" in "ExtendedandSharedProducerResponsibility" [M] . ENV/EPOC/PPC (97) 20/REV2, 1997, 10.

[28] 徐伟敏．德国废弃物管理法律制度研究 [C] ．全国人大环境与资源保护委员会．环境立法与可持续发展国际论坛．北京，2005：587－597.

[29] 许志端，郭艺勋．延伸厂商责任的回收模式研究 [J] ．经济管理，2005，(10)．

[30] 王兆华．电子废弃物管理中的延伸生产者责任制度应用研究 [J] ．工业技术经济，2006，(04)．

[31] Lindh qvistT, Lifset R. Can We Take the Concep to fIndividual Producer Responsi bility from Theory to Practice [J] . Journal of Industrial Ecology, 2003, (07) .

[32] 谷德近．论环境权的属性 [J] ．南京社会科学，2003，(03)．

[33] 林晖．循环经济下的生产者责任延伸制度研究 [D] ．中国海洋大学，2010.

[34] 赵一平，朱庆华，武春友．我国汽车产业实施生产者延伸责任制的影响因素实证研究 [J] ．管理评论，2008，(01)．

[35] Lindhqvist, T. , R. Lifset. GettomgtheGoalRight: EPRandDfE [J] . JournalofIndustrialEcology, 1998, 2 (1) .

[36] 国家环境保护总局污染控制司．固体废弃物管理与法规——各国

废弃物管理体制与实践［M］．北京：化学工业出版社，2004.

[37] Sachs, Noah. Planning the Funeral to the Birth: Extended Producer Responsibility in the European Unionand the United States [J], Harvard Environmental Law Review, 2006, 30 (51): 52 -98.

[38] 尤海林．论我国循环经济促进法的生产者责任延伸制度［D］．广西师范大学，2012.

[39] 鲍健强，翟帆，陈亚青．生产者延伸责任制度研究［J］．中国工业经济，2007，(08)．

[40] 李玮玮，盛巧燕．生产者责任延伸制度：企业承担社会责任的可行路径［J］．江苏商论，2008，(09)．

[41] 徐伟敏．德国废弃物管理法律制度研究［M］．中国环境资源法学评论（第一卷），中国政法大学出版社，2006.

[42] 曾威．家电企业发力循环经济探索商业新模式［N］．中国商报，2006 -01 -19（06）．

[43] 新华社．国务院办公厅印发《生产者责任延伸制度推行方案》［EB/OL］．［2017 -01 -03］．http://www.gov.cn/xinwen/2017-01/03/content_5156100.htm.

[44] 国务院．国务院办公厅关于印发生产者责任延伸制度推行方案的通知国办发〔2016〕99 号［EB/OL］．［2016 -12 -25］．http://www.gov.cn/zhengce/content/2017-01/03/content_5156043.htm.

4. 国外生产者责任延伸制度的实践考察与启示

4.1 国外生产者责任延伸制度的实践考察

4.1.1 瑞典

瑞典是生产者责任延伸思想的发源地，EPR 制度最早可追溯到 1975 年关于废弃物循环利用的议案中。同时，瑞典也是最早将生产者责任延伸思想付诸立法实践的国家之一。

1. 生产者责任延伸制度的多层次立法

1982 年瑞典制定《铝制饮料瓶循环利用法》对铝制易拉罐包装物实行押金制度以促进这类包装物的循环利用。1990 年瑞典议会通过了《废弃物管理纲要》，纲要中对废弃物中的有害成分含量，及其有害废弃物的排放做出了限制性规定，同时要求提高废弃物的循环利用程度（丁敏，2005）。1991 年制定的《特定饮料瓶循环利用法》明确规定了针对消费者的押金返还制度。1993 年通过的《关于玻璃和纸板包装容器的生产者责任令》几乎覆盖了所有类型的包装物（该法令在 1994 年修订为《关于包装容器的生产者责任令》，1997 年再次修订）。1994 年提出《关于废纸的生产者责任令》《关于轮胎的生产者责任令》；1997 年关于《关于汽车的生产者责任令》，以及 2000 年《关于电子电气产品的生产者责任令》（丁敏，2005）。随着 1999 年瑞典《环境法典》的正式生效，生产者责任延伸制度框架逐渐建立，政府相关部门根据各产品领域的特征有针对性地制定了具体的实施办法，逐渐形成了一个相对完整的的生产者责任延伸制度立法体系。

2. 生产者责任延伸制度覆盖产品范围逐渐拓展

瑞典的生产者责任延伸制度实施对象从最初的铝制饮料瓶、特定饮料瓶，以及玻璃、纸板等材质的包装物，后经1994年《瑞典转向可持续发展》中对废弃物回收范围有所规定后，EPR制度实施产品范围拓宽至废弃轮胎、汽车，废弃电子产品，以及废纸等产品领域。

3. 生产者责任延伸责任承担方式灵活多样

1986年瑞典成立了玻璃回收企业。1994年《瑞典转向可持续发展》的提案使得生产者责任延伸制度实施对象范围得以拓展，在此基础上根据包装废弃物的不同种类特征，瑞典成立了金属循环公司、废纸和纸板回收公司、塑料循环公司，以及波纹纸板回收公司，这些公司由各行业协会和一些大型包装公司联合组建。以上五大企业几乎涵盖了所有包装废弃物的回收再利用。这些企业都属于非营利性的服务于各企业的机构，其运行资金主要来源于各行业协会会费，以及包装废弃物再生性利用产生的盈利。加入该机构的各行业协会单位可在其产品包装物的显著位置标注“绿点标志”，该标志为欧洲采取“包装回收费”制度的国家统一采用的标志。

4. “生产者”范畴界定

瑞典在不同产品领域实施EPR制度时界定的“生产者”范围有所不同，如《关于包装容器的生产者责任令》中关于包装废弃物责任承担的生产者指包装容器的制造商、进口商或销售商，规定这些责任主体负责包装容器废弃物的分类与收集等工作；在此规定中将“销售商”也划作“生产者”；而在《关于汽车的生产者责任令》与《关于电子电气产品的生产者责任令》中则明确规定“生产者”分别是汽车、电子电器产品的制造商与进口商，负责免费接收消费者返还的废弃产品。

5. 消费者的参与意识较强

瑞典的消费者对于废弃物的回收利用意识较强。在日常生活中，广大社会公众自觉将各种废弃物分类收集，并移送回收地点。对于一些易燃易爆或腐蚀性较强的，如油漆、燃料、电池等，公众也会自觉单独处置好后交到特别的回收点。回收公司则定期将分类收集号的垃圾运走，进行下一步的处置与利用。

4.1.2 德国

1. 生产者责任延伸制度立法

德国是最早进行循环经济立法的国家，也是生产者责任延伸制度的重要推动者与实施者（李花蕾，2011）。德国的生产者责任延伸立法与德国的废弃物处置方案的优化与管理法规的发展演变相一致。早在1972年德国就制定了《废弃物处理法》，用以扩大、提升处置在生产和消费过程中产生的废弃物的能力，然而该法仅仅是对废弃物末端处理的规定；1986年德国政府在环境保护政策上的指导思想有了根本上的转变，当年发布的《废弃物防止与管理法》将废弃物的末端处置转变为如何从源头上削减废弃物的产生，及如何进行循环利用，法规明确规定了废弃物预防与再生利用的总体原则，可视为生产者责任延伸理念的雏形。

德国在1991年制定并实施的《防止和再生利用包装废弃物管理条例》，是世界上率先以生产者责任延伸思想指导下的废弃物处置立法。该条例中要求产品制造者、包装者、经销者在内的生产者对产品的包装废弃物承担回收与循环利用的延伸责任。经2005年修订后，明确了要在啤酒瓶、矿泉水瓶、碳酸饮料瓶等领域施行消费者押金返还制度。为解决单个生产者对废弃物的收集与处置成本，该法令允许生产者委托第三方代为履行其回收利用等处置责任，同时创造性地设置了生产者责任组织，即PRO（Producer Responsibility Organization,）①。PRO是专业从事废弃物回收、处理与循环利用的第三方组织，可由生产者通过合作机制或政府建立，在实践过程中可大大降低单个生产者回收处置废弃物的

① PROs是一个生产者自主组成的非营利性组织。一般负责对会员生产的产品报废后进行回收和处理，并对回收的品牌等销售数据采用隐私保护措施。

难度与成本，同时该组织也为生产者与其他利益群体和政府之间搭建了良好的桥梁和纽带。该法令的出台促使 EPR 制度成为德国包装物领域全面适用的制度模式，同时在实践中催生了独具德国色彩的 DSD 双重体制和绿点标志。

1994 年德国构建的《资源闭合循环和废弃物管理法》（1998 年修订）是德国的循环经济法，它成为生产者责任延伸制度的立法基础。该法令以“资源闭合循环”理念为指导确立了废弃物处置的基本原则为“避免废弃物 - 利用废弃物 - 清除废弃物”。其中“避免废弃物”指要求尽量避免废弃物的产生，体现在减少废弃物数量及其危害性；具体措施，一是对现有物质资源进行循环利用，二是鼓励生产者生产废弃物产生量小的产品，三是引导消费者消费那些废弃物产生少、危害小的产品。“利用废弃物”指要求实现废弃物的无害化循环利用，具体包括对在技术上能够实现的，具有一定经济价值的废弃物的充分利用，利用方式可以是对废弃物本身的物质利用，也可以是对其隐含能源的提取。“废弃物的清除”指对废弃物的处理过程中要实现减量化和减少毒害性，以确保不对公众产生危害。《资源闭合循环和废弃物管理法》中体现的生产者责任延伸理念主要体现在对“产品责任”的规定上。该“产品责任”不同于传统意义上的产品责任，将环境保护义务融入其中，指为改善产品在其生命周期内对环境的不良影响，“开发、生产、加工和经营”产品的“生产者”要承担满足循环经济要求的产品责任，在产品设计时就考虑在生产和使用过程中废弃物的产生量最小，在产品废弃后承担回收责任，并采取环境影响较小的废弃物再生性利用和处置方式（徐伟敏，2005；王兆华，2008）。

该法中二十二条规定“凡开发、生产、加工和销售产品的人，都须承担产品责任，以实现循环利用的目的。产品责任包括：A、开发、生产和流通适宜于重复使用的、技术上长寿命的产品和能合乎环境承受能力处置的产品；B、优先使用再利用废物或二次原料；C、对含有有害成分的产品进行标示；D、在产品上提示回收、再使用的可能性或责任；E、回收产品使用后产生的废物以再利用或处置。”第二十四、二十

五、二十六条则明确规定了生产者的回收义务及其承担方式。以该法为后端，德国陆续在废旧电池、报废汽车、废弃电子电器产品、建筑废料等领域推广实施 EPR 制度，建立了《废电池处理条例》《报废汽车条例》《废弃电子电器设备条例》《废木材处理条例》等法令。可以说，德国形成了一套法律、条例和指南组成的多层次的循环经济和 EPR 法律体系。

2. 多样化的回收系统

德国在废弃物回收系统建设方面，呈现了多样化发展态势。

首先，针对城市垃圾，建有专门的城市垃圾收集系统，由专业的垃圾处理企业来处理。在企业运作上，具有国有、私有与共同控股多种运作形式。垃圾处理的费用由消费者直接向垃圾收集系统缴纳。

其次，GRS 废旧电池收集系统。为确保废旧电池的回收和无害处置，德国建立了一套完整严格的回收和无害系统，该系统由基金会性质的非营利性组织 GRS 根据 1998 年提出的《废旧电池条例》成立。德国对废旧电池的管理有着非常严格的规定，要求消费者必须将用完的电池返还销售处或废品回收站点，销售处与废品回收站则都安放了回收桶，负责对废旧电池的分选、管理，并转送生产企业进行回收处理，废旧电池在完成收集、运输到位后，进行严格的分类、处置与回收。废旧电池的处置费用被直接附加到产品中，使用该系统的电池制造商和进口商根据其产品类型和销售量为该基金会捐款，作为其产品在德国销售使用后处置所需的费用。对含镍镉和含汞的有毒性的电池实行押金返还制度。

最后，DSD 包装类废弃物收集系统。按照《防止和再生利用包装废弃物管理条例》中对包装废弃物的预防、处置和再生利用要求，包装业协会成立了双向回收系统有限公司负责废弃物的收集、分类、运输与处置等工作。这种采用新型的废弃物处置系统被称为 DSD 系统（DSD, Dual Disposal System），又称二元处理系统。该组织的运作模式是：DSD 组织接受企业的委托，对包装废弃物进行回收和分类后将其送至相应的资源再利用企业进入循环利用环节，能直接回收的废弃物则直接返送至制造商。加盟企业需要向 DSD 组织缴纳“绿点”许可使用费，在其产品包装上采用“绿点”标志，该“绿点”标志表明生产者已经为其产品废弃后的处置工作支付了费用，当产品废弃后就可交由DSD组织进行统一回收和处置。

该组织对废弃物的回收范围主要是家庭和小型团体排放的废弃物。通过在各地设立“绿点”标志产品的专属回收箱，居民可把标有“绿点”的产品或部件废弃物放入专用回收箱，享受免费清运。对于那些没有加入DSD组织的企业的包装废弃物，则由产品的零售商负责回收处理。“绿点”许可使用费的多少与包装材料的类型与重量、体积等用量有关，为此，各生产商为节省成本会尽量简化包装，以便于循环利用。废弃物回收过程中按照产品是否标有“绿点”标志初步进行了分开回收，从而形成了二元回收体系。在实践操作中，政府鼓励消费者购买带有“绿点”标志的产品，从而对生产者具有一定的激励作用，促使其履行生产者延伸责任。德国DSD二元回收系统的建立与“绿点”标志的使用使得包装废弃物领域的EPR制度模式在德国其他废弃物处置上得以推广发展。此外，该操作模式还在欧洲多个国家借鉴使用，逐渐探索出了生产者责任组织（PRO）的多种运作形式。

4.1.3 欧盟

欧盟的固体废弃物立法一直以来在世界范围内保持着首创性与先进性。1973年以来先后发布了十个环境行动计划，与生产者责任延伸制度的立法主要有《关于包装和包装废物的指令》《废弃的电子电气产品管理指令》（简称WEEE）、《禁止在电子电气产品中使用有害物质的规定》（简称ROHS）、《关于废弃车辆的指令》《关于PCBS和PCTS处置的指令》《关于含危险废物的电池和蓄电池的指令》《关于废物填埋的指令》《关于废物焚烧的指令》《关于废物的指令》，以及《关于有害废物的指令》等。

1994年通过的《关于包装和包装废物的指令》中明确提出，在包装废弃物中含有的塑料、钢铁、木材、玻璃等材料要实现回收利用，并规定了循环利用的最低比例。

2000年颁布的《关于废弃车辆的指令》对车辆制造商，包括车辆材料、零部件制造商，以及汽车销售商等在内的责任主体对于承担汽车产品的预防、废弃回收与车辆产品信息披露责任进行了明确规定。具体来讲，预防责任主要是指车辆材料的选择与使用中尽量减少有害物质的使用，车辆的设计要有利于废弃后的拆解和利用；回收责任主要指生产者（制造商、销售商与维修商）要构建回收体系，负责承担废弃车辆的回收、拆解与利用责任；信息披露责任则指，车辆生产者有义务向社会公布如何循环利用车辆，或如何以何种方式报废处置车辆使得对环境影响最小。

2004年起开始施行的《废弃的电子电气产品管理指令》（简称WEEE）对各种家电、电脑通信设备、监控、照明设备，以及医疗设备、玩具、休闲装备等产品进行了调整，要求生产者采取生态化的产品设计，承担废弃物的回收、处置、循环利用与废弃的全部成本，并与第三方联合建立废弃物回收系统。该法令还要求必须严格遵守废弃物回收率的相关要求。具体来看，该法令规定的生产者应当承担的延伸责任内容包括（王兆华，2008）：①废弃物的管理责任，指对废旧电子电器产品的分类回收与处置责任。②信息披露责任，包括产品环境影响的标识责任，以及对销售者、消费者的宣传与告知责任。③产品登记责任，指欧盟成员国建立的登记制度，由生产者负责统计本企业每年投放到市场的电子电器产品的种类和数量。

《禁止在电子电气产品中使用有害物质的规定》（简称ROHS）主要是关于电子电气设备的市场准入的规定。ROHS指令规定从2006年7月1日起各成员国出售的电子电气产品中不得含有铅、汞、镉、六价铬、聚澳二苯醚（PBDE）和聚溴联苯（PBB）等危险性物质。另外，该法令还特别规定了废弃物要进行分类回收。

另外，欧盟通过具体设定回收利用目标的措施来提升废弃物的回收和利用率。例如，要求在WEEE指令和ROHS指令实施的5年时间内，各成员国要实现对包装废弃物50%～60%的循环利用。

4.1.4 日本

第二次世界大战以后，日本经过数十年的经济高速增长，逐渐成长为经济大国。然而长期的工业化发展模式下的经济高速增长也形成了大量生产、大量消费与大量废弃的资源浪费现象，环境污染严重，公害事件频繁发生。在此严峻形势下，日本政府开始致力于环境保护的循环经济立法的制定与实施。21 世纪初，日本确立了“环境立国”的发展战略，构建了较完备的循环社会立法体系，在此过程中，生产者责任延伸制度立法也获得了长足发展。日本的循环经济立法可划分为基本法、综合法和专项法三个层次。

2000 年 6 月通过的《促进循环型社会形成基本法》是循环经济立法的基本法。该法在制定之初，规定废弃物的回收费用由消费者承担，但很多消费者为了逃避回收费用，就开车将废旧的彩电、冰箱拉到深山老林一扔了之（李花蕾，2011）。由于消费者数量多、较分散，由其承担回收责任的监管成本过高，该法修订后增加了“扩大生产者责任原则”，规定了以生产者为主体的，政府、消费者等多方主体共同承担环境责任和延伸责任。该法第十一条规定，生产者应提升产品使用的耐久性、健全产品维修机制等，采取必要措施尽量延长产品使用时间，避免废弃物的过早过快产生，生产者应标明产品及容器的材料或成分，以便于循环利用，对于已经产生的废弃物要进行适当的循环利用，对于无法循环利用的废弃物进行无害化处置，相关费用由生产者承担；第十二条规定了消费者要尽力限制产品变为废弃物，对于可再生资源的产品、包装等有义务进行分类收集，转交生产者。

在循环型社会基本法的统领下，一些综合性法律和专项法律也与其相呼应，对生产者的义务及其违反义务的处罚等做了明确规定。日本有关综合性法律主要有《废弃物处理法》和《资源有效利用促进法》。《废弃物处理法》中明确规定了废弃物排放者负有处理责任，并就生产者、消费者、各级政府等责任主体的责任进行了明确规定；该法令中突出强调了生产者对废弃物最终处置的义务，如果生产者不能履行该义务，则政府有权吊销其执照。《资源有效利用促进法》对七大类工业企业的生产者延伸责任进行了明确规定，要求企业在产品生产与消费使用过程中秉承废弃物减量化、循环再利用原则。

在综合性法律规定下为第三层次的专项法规。其中《包装容器的分类收集循环利用法》（1995）中规定了玻璃瓶、PET塑料瓶等容器包装物的回收利用，2000年又追加了纸质容器、塑料制品等。其中消费者只需承担废弃物的分类义务，不承担经济责任；市、盯、村等负责按类回收；生产者则需承担回收、运输费用与循环利用责任。2001年4月《家电再生利用法》正式实施，该法明确规定了制造商（进口商）、零售商、消费者在废弃物回收、运输与循环利用（废旧物资商品化）等过程中所要承担的行为责任与经济责任。法令要求企业要负责对自己制造或进口的产品进行回收与再生性利用，对废弃物的回收场所也有义务进行合理安排；同时对零售商、消费者的回收与运输义务也进行了详细规定。具体过程为，固体废弃物的产生者（消费者）在废弃家电产品时应当通知销售商并一定的处置费用，零售商负责“收取消费者的废弃物，并转交给生产者出资设立的废弃家电处理中心”，然后由制造商负责将其分解并进行循环利用。该法对家电再生利用的标准进行规定：“空调60%以上，显像管电视机55%以上，电冰箱50%以上，洗衣机50%以上（李艳萍，2005），如果在规定时间内制造商对废弃家电的循环利用达不到以上标准将会受到处罚。另外在《建筑材料循环法》《食品再生利用法》《绿色采购法》《报废汽车再生利用法》等法律中也有比较详细的生产者责任延伸法律制度规定。《家电回收利用法》中对生产者回收利用指标、环境管控标准，及日本政府计划中对垃圾掩埋量控制的数量标准等予以了明确的数量上的规定，有利于法律的监管与评估。而部分法律规定的由消费者承担回收利用费用的方式，加重了消费者的负担，不利于鼓励消费者主动将废弃物返还回收地点承担分类回首责任。

总体上，日本已经形成了包括基本法、综合法与专项法等各层次的比较完善的循环经济立法体系，法规之间相互配合衔接，共同构成了操作性较强的法律体系；各类法规中对生产者、销售者和消费者各责任主体给予了不同的责任规定；日本民众环保意识较强，能够自觉配合废弃物的分类与回收工作，EPR 制度实施与运行相对顺利。

近年来，将废弃物转化为再生资源的“静脉产业”逐渐兴起，该产业以废弃物循环利用法规为基础，以各主导行业的动脉产业为依托，将生活、生产过程中的垃圾转变为再生性资源，逐渐衍生出一条条经脉产业链，实现了废弃物循环利用的专业化、产业化运作模式，也为社会公众提供了更为广泛的就业空间。

4.1.5 美国

美国作为防治型循环经济的代表，20 世纪 70 年代后陆续制定了一系列主要体现污染防治的法律法规。如《资源保护和回收法》（1976 年）、《危害物和固体废弃物修正案》（1984 年）、《固体垃圾处理法》（1989 年）、《污染预防法》（1990 年）等，其中不乏很多有关生产者责任延伸制度内容的规定。其中《资源保护和回收法》规定，从产品的生产源头开始防控，并确立了废弃产品的回收、再利用原则性。法令中还就信息公开、资源再生、技术发展、经济刺激、公众参与、诉讼等方面的内容进行了完善，有利地促进了美国废弃物再循环的综合利用（刘林，2011）。《污染预防法》则通过规定污染物排放的源头控制来实现污染物的预防。

1996 年美国可持续发展总统会议将“生产者延伸责任”改为“延伸产品责任”，主要针对在产品整个生命周期内各个环节的环境影响责任的分配问题，指出责任分配按照产品生产、销售与使用链条上的生产者、销售者、使用者以及废弃产品处置者等各主体共同承担整个过程中产品对环境的不良影响责任。美国的 ERP 制度实施特点主要包括以下几个方面：

（1）企业自愿行动。

美国倾向于依靠市场的力量来处置废弃物问题，因此，生产者责任延伸制度的实施主要依靠企业的自愿。美国政府通过多种激励、引导措施，促使企业自发开展废弃物的回收和处置行动。各州在实施生产者责任延伸制度时，主要通过经济利益的刺激，依靠市场调节，实现企业自发形成责任链条。这样做的弊端是，当产业（企业）利益受到威胁和影响时，产品责任制度的实施也将受到冲击。

1991（1994）年，联邦环境保护署发起了一场与工商企业合作的合理废弃计划行动，进行固体废弃物削减。其具体行动过程是，在企业自愿的基础上，由环境保护署向企业提供技术支持，接受支持的企业需要在废弃物预防、回收处置，以及再生资源使用等方面做出成绩，做出成绩的企业将在环保署出版物中特别推荐其成功做法。该计划调动了很多企业的积极性。目前，美国政府已经与多个企业、非营利性组织，以及政府进行合作，成功实施了几十项污染预防与节能计划。

（2）地方立法现状。

事实上，美国并没有全国意义上的循环经济法规。现有的循环经济法规以及生产者责任延伸制度相关立法基本由各州独自设立。自 1999 年 11 月马赛诸塞州通过了一项有关固体废弃物管理与处置的规划。2003 年 9 月，加利福尼亚州通过了对电子产品处置的法规。从此，生产者责任延伸制度正式成为固体废弃物管理规划的重要内容。2000 年以来，美国先后有 20 多个州开始尝试建立独立的电子废弃物专门管理法案，但是只有少数生效，多数处于提案和审议修订阶段（丁敏，2005）。2005 年 12 月，美国各州开始大力提倡延长电子电气设备寿命，已减少、减缓转变为废弃物，同时要求生产者采取必要措施对废弃产品进行循环利用。至此，美国做出了禁止未经处理的电子电气设备垃圾进入填埋场的规定（Calcote，2000）。

（3）成功的经济杠杆与循环消费政策。

美国在实施生产者责任延伸制度的过程中成功运用了经济杠杆和循环消费政策（李云燕，2008），强调培养企业自身的竞争优势，引导生产者、消费者自发承担相应责任。

①在经济杠杆方面。

在 1989 年制定实施的《固体垃圾处理法》中规定，政府将用财政补贴来支持能够减少废弃物产生的新工艺。这样一方面减少了企业新工艺研发的成本，同时也有效地激励了落后工业生产者进行生态化工艺创新。1989 年美国加州通过的《综合废物管理法令》规定，要在 2000 年以前，实现 50% 废弃物可通过削减和再循环的方式进行处理，未达到标准的城市要被处以每天一万美元的行政处罚（孙佑海，2005）。加州规定玻璃容器必须使用 15%~65% 的再生原料，装垃圾的塑料袋必须使用 30% 的再生原料（王蓉，2006）。

美国居民要按照每月被回收的垃圾质量和体积向垃圾管理部门缴费；美国加州为安全处置电子垃圾，通过了一项提案，规定消费者在购买新电脑、电视机时需缴纳 1 美元的电子垃圾回收费；弗洛里达州在对本地销售的饮料容器征收 5 美分作为废弃后的处理费，并将此经费纳入循环发展基金，以用于资助再生材料的利用与研究。

另外，美国还通过废弃物回收再利用创造出了一些就业机会，并提出相关创业者可享受奖励性贷款（丁敏，2005）。

②循环消费政策。

美国将每年 11 月 15 日定为“回收利用日”，届时各州的各种再生物资利用协会，及一些非政府组织将会通过网站或各种活动的形式，鼓励公众购买旧货和再生性产品。另外，美国人还开辟了譬如庭院甩卖、慈善机构组织的旧货交易等多个消费品循环利用渠道。居民循环消费理念日渐广泛，一方面延长了既有产品的生命周期，同时注重推崇再生产品，提升了整个社会的福利效益。

总体上，美国的生产者责任延伸立法与实践，日本、德国等其他发达国家具有以下不同：首先，美国实行的“产品延伸责任”更加注重产品链条上各主体的责任分担，并不特别强调生产者对延伸责任的承担；其次，对各责任主体责任的分担与规定主要依靠市场机制的自由调节作用，属于生产者自愿、自发性行为；最后，美国没有统一的综合性循环经济立法，各个联邦州根据自身的产品与资源情况特点，自行设立各产品领域的责任规定。

4.2 国外生产者责任延伸制度实践的基本启示

生产者责任延伸制度是为解决日益严峻的废弃物污染与资源短缺问题而诞生的一种环境保护战略。因为发达国家首先爆发了工业革命，工业化大发展引发的废弃物污染问题较发展中国家提前出现。通过对瑞典、德国、美国、日本，及欧盟等发达国家和国际组织的生产者责任延伸制度的研究，可以了解到在不同国家和地区的文化传统和经济发展背景下，生产者责任延伸制度本身的优势与不足，及其立法与实践的差异等。

目前我国正处于经济转型的关键阶段，发展循环经济，转变经济发展方式是我国生态文明发展战略的重要任务之一，如何结合我国国情，充分借鉴发达国家和地区生产者责任延伸制度的成功经验，规避其不足，对于我国循环经济体制的建立，推进生态文明建设进程具有重要的现实意义。

4.2.1 建立完善的、分层次、有重点的生产者责任延伸法律体系

德国和日本的生产者责任延伸制度立法体系都具备层次性特征，首先，设定基本法作为法律体系的原则性统领，以保证整个法律体系内在的逻辑性；其次，设定针对具体领域的单向法规结合相关的配套法令作详细规定；最后，总体上形成法律体系的统一、协调又完整的特征。

我国的生产者责任延伸制度立法，可参考其经验，将生产者责任延伸制度的法律体系划分为三个层次：第一层次为基本法，可以《循环经济促进法》作为法律体系的基本法，对生产者责任延伸制度做原则上的规定；第二层次单向法规，即针对具体的产品和对象特征制定单向法规和条例；第三层次实施标准与细则，该层次法规主要以地方政府针对本地区实际情况针对特定产品或地区情况制定的条例。

4.2.2 增强生产者责任延伸制度的可操作性

以上各国立法和实践经验可以看出，生产者责任延伸制度的实施主要采取法律强制与企业、消费者自愿两种模式相结合的方式推进。在强制性的法律规制的基础上引导广大消费者的自愿参与，且突出政府的管理与监督作用；当然，也存在美国的以企业自愿，政府推动的实施方式。具体的在法律规定在责任归属与责任内容上界定清楚，对生产者、销售者、消费者以及政府等各责任主体中要承担延伸责任的主体是哪一个，具体要承担的责任内容有哪些，违反相关法规要受到的处罚等都有明确规定。法律的强制性要求与经济责任的承担（经济处罚）相结合，从而确保了 EPR 制度的有效实施。事实上，各个国家在生产者责任延伸制度实施方式上都是在充分考虑了产品特征与特殊国情的基础上制定的最适宜的法律制度。

相对来讲，我国现阶段的生产者责任延伸制度在法规内容的表述上太过泛化与笼统，缺乏可操作性的细则；对于生产者及其他责任主体在具体的产品环境影响的延伸责任承担过程中具体承担的责任内容不清晰；甚至于具体该由谁来承担，谁是“生产者”仍界定不明确；法规中所提出的违反相应责任应收到的（经济）处罚表述不清楚，不利于追责与监管。总体上现有法规的设置不利于生产者责任延伸制度的实施和推进。因此，为改变目前立法现状，首先，应对产品整个生命周期各链条上的参与者，包括生产者（进口者）、销售者、消费者、政府等责任主体应承担的责任及承担责任的方式进行明确的规定。其次，应在法律规范中明确规定各责任主体（以生产者为主）应履行的职责和违反后所应受到的处罚。在运行机制上，应完善与生产者责任延伸制度配套实施的制度和实施措施，特别要制定具体可行的激励制度，以确保生产者责任延伸制度的整体性和统一协调性。

4.2.3 配套制度的完善是生产者责任延伸制度的实践保障

配套制度是能够保证生产者责任延伸制度良好运作、顺利实施的相关政策与机制，譬如优惠税收制度、押金返还制度、资金保障机制等。德国的生产者责任延伸制度之所以能够取得良好成效，与其采取不同的针对性的配套制度手段有很重要的关系。配套机制一方面可以保障废弃产品回收再利用工作的顺利开展；另一方面也体现出了政府的引导和激励作用，使得消费者自觉返还废弃物，消费结构逐渐转向绿色化，促进企业的生产模式向着有利于环境保护的方向发展。生产者责任延伸制度的顺利实施，完善的配套制度是保障。

4.2.4 全民参与是顺利实施的关键

社会公众的广泛支持是生产者责任延伸制度得以顺利实施的前提与关键。消费者包括个人消费者和单位消费者。社会公众是消费者的主体，公众是否能够主动返还消费后的废弃产品，主动配合废弃物的分类与回收，直接影响着废弃产品是否能够顺利进入回收系统。通过美国、瑞典、日本等国的实践来看，公众高度的参与意识是 EPR 制度顺利实施的重要环节。

我国的环境保护事业起步较晚，公众的环保意识与绿色消费意识引导下的环保参与行为积极性较弱。因此呼呼公众环保意识、绿色消费意识的觉醒是我国现阶段环境保护教育工作的首要任务。结合有针对性的激励消费者的 ERP 配套制度，如押金返还制度等，激励广大公众主动履行应尽的责任。

参考文献：

[1] 丁敏. 固体废物管理中生产者责任延伸制度研究 [D]. 中国政法大学，2005.
[2] 李花蕾. 循环经济视角下生产者责任延伸制度研究 [D]. 昆明理工大学，2011.
[3] 刘林. 生产者责任延伸法律制度研究 [D]. 黑龙江大学，2011.
[4] 徐伟敏. 德国废弃物管理法律制度研究 [C]. 全国人大环境与资

源保护委员会．环境立法与可持续发展国际论坛．北京，2005：587－597.

［5］王兆华，尹建华．生产者责任延伸制度的国际实践及对我国的启示——以电子废弃物回收为例［J］．生产力研究，2008，（03）．

［6］李艳萍．论延伸生产者责任制度［J］．环境保护，2005，（07）．

［7］Calcote，Paul and Margaret Walls，Can downstream waste disposal policies encourage upstream Design for Environment？American Economic Review，No. 90，2000：233.

［8］李云燕．循环经济运行机制——市场机制与政府行为［M］．北京：科学出版社，2008：242.

［9］孙佑海．循环经济立法问题研究［J］．环境保护，2005，（01）．

［10］王蓉．资源循环与共享的立法研究［M］．北京：法律出版社，2006：71.

5. 生态文明建设下生产者责任延伸制度的目标定位与原则

5.1 传统的生产者责任理念与局限

5.1.1 传统的生产者责任理念

生产者责任，也称“产品责任”“产品侵权损害赔偿责任”，指产品具有的缺陷造成的消费者人身或财产权益受到损失后，产品的生产者、销售者应当承担的损害责任。对于这一责任的名称的表述在各国法律中各不相同，如果从责任主体的角度来看，可称之为“生产者责任”，若从责任客体角度来看，则被称为“产品责任”。“生产者责任”中责任承担的主体是生产者和销售者；生产者一般指产品的直接制造者，并不包括产品的零部件及半成品的制造者（高圣平，2010）。生产者责任的前提是产品具有缺陷，主要通过《侵权责任法》《合同法》《产品质量法》《民法》等法律来责成生产者、销售者对赔偿消费者的人身或财产损失，排除妨碍、消除危险等。法律规定生产者承担产品责任的目的在于促进生产者加强产品质量管理。

5.1.2 传统的生产者责任理念的局限

传统的生产者责任理论与法学理论维护的仅仅是消费者的个人权益或社会公众的环境权益，总体上仍然没有突破“人类中心主义”的局限。而生产者责任延伸制度中，生产者若选择非绿色的原材料与产品设计，不采取清洁生产方式，违反其废弃产品的回收利用与废置义务，其侵害的不是某一个人的利益，而是整个社会的环境利益。也就是说生产者责任延伸制度维护的是包括自然生态与人类社会的整个生态系统的整体利益。

产品责任的重点是产品缺陷造成了人身或财产损失后的事后规制，确保消费者权益得到赔偿和保障。生产者责任延伸制度虽然以产品的相关主体为规制对象，但它归根结底属于一种环境保护战略，制度实施的前提是生产者的生产经营行为对环境造成的不良影响，并不是产品本身的质量缺陷问题。生产者责任延伸制度的责任主体主要有以生产者（进口者）为主体的，包括销售者、消费者、政府等在内的多个主体。对于生产者范围的界定，不仅包括产品的直接生产者，还包括产品的零部件的生产者，以及产品的进口者等。制度设立的目的不仅在于要求生产者承担废弃物的回收利用与废置责任，更重要的是在于通过对废弃物处置责任的追加起到对产品生产源头上的预防与规范，从产品设计与原材料选择就开始规制生产者的行为，促使其在产品上游就将环境因素考虑进去，从源头上避免产品对环境的污染（汪张林，2009）。

尽管有的学者认为，生产者责任延伸制度完全可以被视为生产者产品责任的一种延伸，一种在生态责任上的延伸，即增加生产者对其产品承担长期的环境管理与保护责任。但是两者之间无疑存在很大区别：产品责任的客体是产品，法规试图解决的是由于其缺陷问题给消费者带来的人身与财产损害；而生产者责任延伸制度的责任客体是产品消费后的废弃物，法规旨在解决废弃物的不当处置对自然生态造成的潜在影响。产品责任与生产者延伸责任区别，如表 5 - 1 所示（吴知峰，2007）。

总体上，生产者责任延伸制度突破了传统的生产者产品责任理论与传统法学理论的生产者的责任范围与责任内容，一方面它通过延伸生产者的责任，将原来的生产者只承担产品生产、销售过程中的责任，延长至产品整个生命周期，直至产品生命终结（废弃），将生命周期内各个环节的责任有机统一起来；另一方面该延伸责任是在原有的产品质量责任、产品生产过程中的环境污染责任的基础上，延伸至产品生命周期内各环节的环境影响责任，特别是将产品废弃阶段的处置成本内化为生产者成本的有效机制。

表5－1　产品责任与生产者延伸责任的区别

责任名称	产品责任（生产者责任）	生产者延伸责任
责任人	生产者、销售者	生产者
责任客体	产品	产品生命周期各阶段的污染排放物，特别是产品生命周期后阶段的废弃物
试图解决的问题	生产或销售的产品存在缺陷，给消费者和使用者造成的损失和成本问题	产品生命周期内各阶段对环境造成的污染影响
责任规制方式	事后规制	事前规制
责任对象	消费者	消费者、社会
产品适用范围	所有产品	理论上是所有产品，实践中按照产品量大、污染程度高，对环境污染影响较大且回收价值高的产品开始，然后逐渐扩展至一般产品，如包装废弃物、电子电器废弃物、废旧汽车、电池，以及轮胎等

5.2　生产者责任延伸制度的本位

生产者责任延伸制度设计遵循生态系统基本规律，要求生产者对其产品生命周期内的各个环节对环境造成的影响承担延伸责任，使得产品的外部成本内部化为企业成本。强制生产者对其产品报废后的环境影响承担延伸责任，将会激励生产者在产品设计阶段就开始考虑产品的原材料选取、产品生产等方面的生态化设计，以方便废弃后的回收与拆解利用等，从而降低废弃产品的循环利用与处置成本。同时，通过构建多元化回收与处置体系，最大限度地循环利用废弃物中隐含的可再生资源，实现废物处置成本降低与资源化使用的闭环式循环。充分体现了循环经济理论的减量化、再利用与资源化原则。生产者在顺利实施生产经营行为，享有环境权的同时承担延伸责任，既体现了生产者环境权利和义务的统一，也弥补了产品消费后环境责任的缺失，使得社会公众个人环境权益得到保障。生产者责任延伸制度的功能本位具体体现在以下几个方面：

5.2.1 使产品变为废弃物后的外部环境成本内部化

生产者将其生产的产品出售给消费者以获取经济收益，产品被消费者消费使用后转变为废弃物排向外部环境，形成负的外部性，由整个社会来为它承担额外的环境成本。为此，生产者责任延伸制度通过对生产者对废弃产品回收处置责任的追加，使得产品的外部成本内化为企业的生产成本。

5.2.2 促进生产者采取产品生态设计

EPR 制度强制生产者对报废后的产品负有处置责任，为降低废弃产品的处置成本，为产品创造良好的市场价格优势，该制度将会激励生产者在产品上游就会考虑成本较低、更易回收的生态化产品设计与生产模式。譬如，采用无毒无害的，且方便回收，容易拆解和回收的原材料与产品设计等。

5.2.3 实现废弃物管理的高效化

传统经济发展模式下，产品被消费报废后，生产者几乎不承担任何的废弃物的回收利用责任，多数情况下被消费者简单丢弃，这些被随意丢弃的废弃物成为影响环境美观、市容市貌的重要因素之一。针对这些日渐增多的废弃物进行的简单粗暴的填埋、焚烧，一方面造成了大量土地资源的浪费，另一方面造成了大气污染，一些含有毒有害成分的废弃物甚至可能造成对环境的严重危害。

生产者责任延伸制度正是为解决以上问题而诞生的。作为产品的生产者具有最充分的产品技术经济信息，对废弃产品的拆解、处理与再生利用等处理有利于废弃物处理的专业化与规模化。与此同时，生产者数量较少，政府进行统一管理的成本较之消费者承担此责任要小得多。因此，由生产者承担废弃产品的环境影响责任，比传统的由政府代表的整个社会负责废弃物的管理与处置更加有利于提高整体效率。

5.2.4 促进循环经济的发展

循环经济理论依据生态学规律，将人类经济活动构建为“资源－产品－消费－再生资源”的闭环流动过程。废旧物品中所含有的材料资源可转变为生产者生产产品的原材料。生产者责任延伸制度下，生产者承担废弃产品的回收与处置责任，更加有利于废弃物的拆解，对其中具有再生利用价值的资源进行二次使用，将更加有利于促进循环经济的发展。

5.2.5 弥补产品消费后的环境责任缺失

传统的生产者责任相关法规中，生产者的产品责任仅限于产品的质量承担责任，对产品的缺陷造成的消费者人身与财产损害承担法律责任；生产者应承担的环境责任仅限于对产品生产过程中排放物产生的环境污染承担责任，对于产品售出以后产生的环境影响责任一直由政府来承担。生产者责任延伸制度将生产者对其产品的环境责任进行了延伸。为了将废弃产品的排放与处置对环境造成的污染减少到最小程度，生产者被要求从产品的材料选择与设计阶段开始承担产品对环境的负面影响，要求其选择无毒无害材料的使用，采用生态化产品设计；同时，被要求直接参与废弃产品的管理，负责回收、拆解与利用废弃产品；在生产过程中生产者还有责任采用清洁生产方式，有义务提供关于产品环境友好性信息，以及以何种方式再生利用，正确处置废弃产品等。总之，生产者的延伸责任贯穿了产品的整个生命周期，弥补了产品消费后的环境责任缺失。

5.2.6 为个人环境权益的保障提供法律依据

传统的环境治理重点主要针对生产过程的污染排放，相对于产品消费后的废弃物的随意丢弃，以及简单的焚烧、填埋等处置可能引发的二次污染等严重的环境污染问题却没有相对有效的法律规范。社会公众的个人环境权益受到了很大挑战。在生产者责任延伸制度之前，公众没有任何能够对抗因废弃物处置问题带来环境困扰的法律依据。生产者责任延伸制度的设立，确定了生产者、销售者、消费者以及政府对处置废弃物问题的责任义务，为人们维护个人与公众的环境健康，提供了实体法和程序法上的依据。

5.3 我国生产者责任延伸制度的目标定位与原则

5.3.1 坚持生态利益优先的生产者责任延伸制度目标

由工业文明迈向生态文明是一种范式的根本转变。确立生态利益优先的生态文明为指导思想的新的发展理念是人类社会发展的必然要求。生产者责任延伸制度是人类为解决废弃物排放引致的环境污染问题而提出的一项新型的环境保护战略。生产者责任延伸制度通过具体行为规范影响生产者、销售者、消费者等相关责任主体的价值理念，促使他们的价值理念逐渐发生转变，进而树立环境保护、资源节约的生态文明理念。从这个意义上说，生产者责任延伸制度正在将体现保护环境和资源最大化利用的价值理念渗透到广泛的社会大众中，并使之成为整个社会的发展方向。

目前，我国已经进入工业化发展的中后期阶段。2011 年以来，我国经济增速持续下滑，以资源消耗为主的重化工和房地产业增长放缓，经济发展由高速增长逐渐转为中高速增长，经济结构不断优化升级，经济发展动力从要素驱动、投资驱动逐渐转向创新驱动，我国经济发展进入新常态。欧洲、日本经济复苏缓慢，国际上大宗商品市场低迷。废旧产品处置与再生资源产业成本不断上升，而资源性产品价格却一直处于低位。虽然 2016 年国内再生资源市场行情呈现温和反弹态势，但总体上仍处于低位震荡状态。废弃物处理产业链上包括生产者在内的各经济主体没有动力去承担废弃物处置责任，仅仅靠市场机制就会导致废弃物处理产业萎缩，从而造成巨大的环境污染压力（齐建国，2016）。因此，在这样的背景下，我国引入 EPR 制度，就是通过制度创新，完善市场经济新框架，为治理废弃物污染塑造新的经济动力和经济机制（齐建国，2016）。

5.3.2 我国实施生产者责任延伸制度的原则

基于中国实施 EPR 制度的目标，实施 EPR 制度应遵守以下原则（齐建国，2016）。

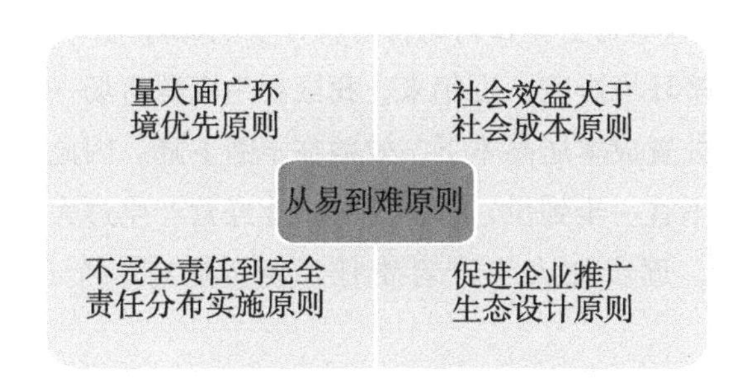

图 5－1　我国实施生产者责任延伸制度的原则

5.3.2.1　量大面广，环境效果优先原则

生产者责任延伸制度提出的目的就是为了解决环境污染问题，因此，在制度实施对象的选择方面，应该首先选择产品数量较大，其废弃物对环境影响较大的产品，这样才能短期内在环境污染解决问题上呈现较好的效果。

5.3.2.2　坚持社会效益大于社会成本的原则

依据费用效益分析理论，国家政策的效果应该实现社会效益大于社会成本的原则。实施 EPR 制度的社会效益包括环境效益、废弃物资源回收利用的经济净收益、促进企业产品生态设计和废弃物减量化带来的废弃物安全处置费用的净节约、节省废弃物回收的成本，成本包括制定制度和执行制度的管理成本、生产者剩余的减少、消费者剩余的减少，等等。

5.3.2.3 从易到难的原则

EPR制度的实施是以生产者为主体的包括销售者、消费者、回收者、政府等在内的多个主体共同履行责任的过程，这其中不仅涉及生产者，还涉及广大消费者，需要全社会的理解和参与。目前，我国正处于工业时代后期环境污染治理与生态文明建设时期，社会环境意识处于深化转型过程中，不同地区的居民环境意识水平差异较大，对环境支付意愿的程度也大小不一，在不同地区推行生产者责任延伸制度的难易程度不同。因此，在生产者责任延伸制度具体实施中，可首先选择社会环境意识高，收入水平高，环境支付意愿高的地区先行先试。

5.3.2.4 从不完全责任到完全责任分步实施原则

受世界经济环境影响，近年来，我国再生资源市场一直处于低迷状态，废旧产品处置成本居高不下，效益在不断下降。因此，实施生产者责任延伸制度不宜一步到位，以避免对企业经营产生过大的冲击。可根据市场的变化，逐步加大生产者责任，使企业有一个逐步的缓冲适应期。

5.3.2.5 有力促进企业推广生态设计的原则

生产者责任延伸制度要求生产者承担包括产品的生态化设计在内的整个生命周期内的环境影响责任。一方面直接对产品的生态化设计做出了要求；另一方面要求生产者承担其产品的处置责任，基于处置成本与产品市场价格优势考虑，生产者也有主动采取生态化产品设计与技术创新的行为激励。为此，在制定企业责任政策时，实施生态化设计的企业和产品与未采取生态化设计的企业和产品之间要体现出明显的责任差别，以便激励企业加速实施产品的生态设计。

参考文献：

[1] 高圣平．论产品责任的责任主体及归责事由——以《侵权责任法》“产品责任”章的解释论为视角［J］．政治与法律，2010，(05)．

[2] 汪张林．论我国生产者延伸责任的内涵及立法的完善［J］．内蒙

古社会科学（汉文版），2009，（03）.
[3] 吴知峰. 生产者责任和生产者延伸责任比较研究 [J]. 企业经济，2007，（10）.
[4] 齐建国，陈新力，张芳. 论生态文明建设下的生产者责任延伸 [J]. 经济纵横，2016，（12）.

6. 生态文明建设下生产者责任延伸制度的法律体系建设

6.1 我国生产者责任延伸制度的立法现状

伴随着日渐严峻的废弃物环境问题，我国的相关立法中也逐步确立了具有生产者责任延伸思想的相关规定，对生产者的源头预防责任、产品环境信息披露责任以及废弃产品的废置责任等做出了明确规定。但是，迄今为止，我国尚未制定专门的《生产者责任延伸法》来明确具体建构生产者责任延伸制度。纵观我国近年来制定的一些相关法律法规与规章可以看出，部分法律条文内容已经明确规定了生产者应承担的延伸责任，生产者责任延伸理念早已在相关的立法实践中付诸实施，生产者责任延伸制度在我国已经初步成形。

6.1.1 生产者责任延伸制度的基础性立法

目前，在我国各类立法中，涉及生产者责任延伸制度的立法主要在环境类立法中，基础性法规主要有四部：《环境保护法》《固体废物污染环境防治法》《清洁生产促进法》与《循环经济促进法》，如表6－1所示。

表6－1 生产者责任延伸制度基础性立法

序号	法规名称	制定机构	发布/实施时间
1	中华人民共和国环境保护法	全国人民代表大会常务委员会	1989－12－26/1989－12－26 2014－4－24/2015－1－1

续表

序号	法规名称	制定机构	发布/实施时间
2	中华人民共和国固体废物污染环境防治法	全国人民代表大会常务委员会	1995－10－30/1996－4－1 2004－12－29/2005－4－1 2013－6－29/2013－6－29 2015－4－24/2015－4－24 2016－11－7/2016－11－7
3	中华人民共和国清洁生产促进法	全国人民代表大会常务委员会	2002－6－29/2003－1－1 2012－2－29/2012－7－1
4	中华人民共和国循环经济促进法	全国人民代表大会常务委员会	2008－8－29/2009－1－1

6.1.1.1 《环境保护法》

《环境保护法》全称《中华人民共和国环境保护法》，于1989年12月26日经第七届全国人民代表大会常务委员会第十一次会议审议通过，2014年4月24日经第十二届全国人民代表大会常务委员会第八次会议修订，自2015年1月1日起施行。《环境保护法》是“为保护和改善环境，防治污染和其他公害，保障公众健康，推进生态文明建设，促进经济社会可持续发展”的我国环保领域的根本大法，也是我国生产者责任延伸制度的基础性法律。

该法第六条规定“企业事业单位和其他生产经营者应当防止、减少环境污染和生态破坏，对所造成的损害依法承担责任”，该法令提出了生产者的生产经营行为要尽量预防、减少对生态环境损害的原则性规定。

第四十条指出“企业应当优先使用清洁能源，采用资源利用率高、污染物排放量少的工艺、设备以及废弃物综合利用技术和污染物无害化处理技术，减少污染物的产生”该法令针对生产者在产品生产过程中要使用清洁能源，采取清洁生产技术，并针对废弃物的循环利用与无害化处置等责任做出了明确规定。

第四十二条规定“排放污染物的企业事业单位和其他生产经营者，应当采取措施，防治在生产建设或者其他活动中产生的废气、废水、废渣、医疗废物、粉尘、恶臭气体、放射性物质以及噪声、振动、光辐射、电磁辐射等对环境的污染和危害。”该条法令指出生产者应当采取必要措施以防止生产过程中产生的废弃物、危险排放物等环境造成危害。

第四十八条“生产、储存、运输、销售、使用、处置化学物品和含有放射性物质的物品，应当遵守国家有关规定，防止污染环境。”也是针对生产者在生产过程中对危险材料、能源的使用、处置时要避免环境污染。

以上各条法规中设计的生产者在原材料、能源的选择与使用，生产过程中清洁生产工艺的采用，以及产品运输、销售，以及消费后的废弃物的处置与利用等过程，贯穿了生产者在产品的上游、中游与下游等整个生命周期内的环境影响责任。这与生产者责任延伸制度设计理念与要求是一致的。

6.1.1.2 《固体废物污染环境防治法》

《固体废物污染环境防治法》，全称《中华人民共和国固体废物污染环境防治法》，于1995年10月30日由第八届全国人民代表大会常务委员会第十六次会议审议通过，后经2004年、2013年、2015年、2016年四次修订。该法设定宗旨为“防治固体废物污染环境，保障人体健康，维护生态安全，促进经济社会可持续发展”。

法规中第五条“产品的生产者、销售者、进口者、使用者对其产生的固体废物依法承担污染防治责任”，该条法规中明确指出生产者、销售者、进口者以及消费者均应依法对固体废弃物的处置承担责任。

第十八条“产品和包装物的设计、制造，应当遵守国家有关清洁生产的规定”与第三十一条“企业事业单位应当合理选择和利用原材料、能源和其他资源，采用先进的生产工艺和设备，减少工业固体废物产生量，降低工业固体废物的危害性”则要求生产者对产品、包装物的原材料选择与利用，产品生产过程中所使用的能源，以及生产工艺等均提出要求，目的是要预防、减少废弃物的产生量，对生产者在产品上游与中游的环境影响责任做出了明确规定。

第三十三条“企业事业单位应当根据经济、技术条件对其产生的工业固体废物加以利用；对暂时不利用或者不能利用的，必须按照国务院环境保护行政主管部门的规定建设贮存设施、场所，安全分类存放，或者采取无害化处置措施”，法令中对产品生产过程中产生的工业固体废弃物的处置做出了明确规定，要求生产者进行回收利用或做无害化处置。

第七条“鼓励单位和个人购买、使用再生产品和可重复利用产品”，突出了政府在再生产品购买和使用中的引导作用，间接激励了生产者对废弃物的循环利用。

总体上看，《固体废物污染环境防治法》中明确规定了生产者对产品承担的延伸责任，具体责任及内容包括了部分源头预防责任（如对产品、包装物原材料的选择，产品生产工艺等做出的要求以预防固体废弃物的产生）、废弃产品的回收、利用与废置责任（如法规中要求的对列入强制回收目录的产品，其生产者对废弃物回收负有责任，以及对生产过程中产生的工业固体废弃物也要求生产者对其充分利用或进行合理、无害化处置）；同时法规中还对各责任主体做出界定，指出生产者、销售者、进口者以及消费者均应依法对固体废弃物的处置承担责任。但是，对于生产者的产品环境信息披露责任却未涉及，对生产者延伸责任的规定多用“应当”“鼓励”“必须”等原则性、宣示性规定，对于生产者违反上述法律责任应承担的处罚等未做明确规定，以至于该法所建立的生产者责任延伸制度由于缺乏必要的强制力而流于形式（王干，2006）。

6.1.1.3 《清洁生产促进法》

《清洁生产促进法》于2002年6月29日，经第九届全国人民代表大会常务委员会第二十八次会议审议通过，后经2012年修订。该法规的设定旨在通过促进清洁生产，提高资源的使用效率，减少生产、服务以及产品使用过程中污染物的排放，以保护生态环境，促进人类经济社会的可持续发展。

该法第十九、二十条明确规定生产者应采用无毒（低毒）、无害的、易于降解与回收利用的绿色原材料与产品设计方案，选择清洁能源，采用资源高效利用的先进工艺与设备组织生产；尽量减少生产过程中的污染物产生与排放，旨在从源头上预防与减免污染物的产生。

第二十七条规定了生产者对生产过程中产生的资源消耗与废弃物产生情况进行自我监测；第二十六条则规定生产者要对生产过程中产生的废弃物进行回收利用与处置。

第十三条、二十一条明确规定生产者要对产品的主体构件的材料成分予以标准，对节能、节水与废弃物再生利用产品设立相应的产品标志；这意味着要求生产者对产品的环境信息披露承担一定责任。

第三十七条明确提出对未（如实）标注产品材料成分，未履行产品信息披露责任的企业给予一定经济处罚；第三十八条指出对生产、销售有毒、有害物质超标的建筑与装修材料的要依法承担相应法律责任。

第七条、九条、三十三条明确提出要对对实施清洁生产的、依法循环利用废弃物进行再生性产品生产的企业实行财政税收优惠政策，加大资金投入。

第十条则规定要为促进清洁生产实施与废弃物利用推进技术研发与推广服务；第十六条则从政府绿色采购的角度鼓励优先采购有利于保护环境与资源的产品；这两条法规可视为促进生产者责任延伸制度得以实施的激励措施。

如上可见，《清洁生产促进法》中所涉及的生产者责任延伸制度基本涵盖了生产者的源头预防责任、产品环境信息披露责任与废弃物回收利用与废置等三大责任，并对违反责任的法律与经济处罚进行了较明确规定，以强制生产者承担延伸责任。需要特别说明的是，法规中对于生产者延伸责任承担的规定，综合使用了行政强制性法律制度与经济调节法律制度，提高了生产者责任延伸制度的可操作性。

6.1.1.4　《循环经济促进法》

《循环经济促进法》全称《中华人民共和国循环经济促进法》于2008年8月29日由第十一届全国人民代表大会常务委员会第四次会议审议通过，2009年1月1日起施行。该法旨在促进生产、流通与消费过程中的资源减量化、再利用的循环经济发展，提高资源利用率，保护生态环境，分别从基本管理制度、减量化、再利用和资源化、激励措施与法律责任等方面做出的法律规定。

法规中第九条总体上规定了生产者对生产过程中减少废弃物排放产生与排放量，提高废弃物的资源化再利用等负有责任。

第十八条指出政府相关部门应该定期发布鼓励、限制与淘汰的生产技术与工艺、生产设备，以及原材料和产品目录，明确指出了政府的监管责任。

第十九条中指出在生产工艺、生产设备、产品以及产品包装物等的设计方案与原材料选择过程中应遵循减少资源消耗，减免废弃物产生的原则；特别指出电子电器产品拆解与处置过程中要避免环境的二次污染。即，明确了生产者在产品生产的“源头预防”责任，鼓励采用易回收、易降解、易拆解的原材料与产品设计方案，以促进废弃物的回收利用。

第十五条、三十七条、三十八条、三十九条则对废弃物回收与回收体系建设等做出了明确规定。法规中明确了政府在推进和鼓励废弃物回收体系建设方面的责任；要求生产者对列入强制回收名录的产品（包装物）废弃物承担回收、利用与无害物处置责任；特别提出对废弃电子电器产品、报废机动车船、废铅酸电池，以及废轮胎等特定产品的拆解与再利用需符合有关法律法规的规定，防止二次污染；鼓励机动车零部件、工程机械、机床与轮胎等产品的循环再利用与产品再造、翻新。也就是说，对生产者应承担的源头预防责任、回收责任；政府应承担的监管与调控责任；消费者的分类返还等责任做出了明确规定。

第四十四条、四十五条、四十七条、四十八条则对施行清洁生产，实现资源减量化、再利用的企业给予财政税收与金融支持政策，享受政府绿色采购福利。

第五十条、五十一条、五十六条则对生产者违反相应的生产者延伸责任应承担的法律责任进行明确规定。

总体上，《循环经济促进法》的出台体现了我国循环经济发展由理论探讨转化为现实实践，并实现了法治化管理。法规中对废弃物产生与处置的生产者、销售者、消费者、政府等责任主体及其延伸责任进行了明确界定与规范，特别对生产者应承担的源头预防责任、清洁生产与废弃物回收利用等责任做出了相关规定，对促进生产者责任延伸制度实施的激励措施与法律责任也有相应体现，规定中也特别注重了行政强制法规与经济处罚责任的结合使用，进一步强化了法律的可操作性。《循环经济法》基本上以基本法的形式明确了生产者责任延伸制度，使得我国EPR 制度建设有法可依，在此基础上，可结合相关的环境资源法为基础，设立各产品领域的有针对性的专项法规，从而建立和完善具有中国特色的生产者责任延伸制度法律体系。

鉴于经济社会的快速发展，目前该法案已不能很好地适应我国发展的需要，关于该法规的修订程序已经启动。在 2016 年 11 月 24 日举行的中国循环经济发展论坛上，多位专家就《循环经济促进法》如何修订的问题进行了研讨。中国工程院院士、清华大学教授钱易提出要增加生产者责任延伸制度，强化法律的约束力，“明确政府、企业、消费者等相关方的法律责任”（刘毅，2016）。

6.1.2 生产者责任延伸制度的专项性立法

在上述基础法规的统领下，各产品领域各自结合产品特征，设立了专项性立法，不同程度体现了生产者责任延伸法律制度。

表 6－2 生产者责任延伸制度专项性立法

序号	法规名称	制定机构	发布/实施时间
1	旧水泥纸袋回收办法	国家建筑材料工业局、物资部、财政部、建设部	1989－11－5
2	关于限制电池产品汞含量的规定	原轻工总会、国家经济贸易委员会、国内贸易部、对外经济合作部、国家工商行政管理局、国家环境保护局、海关总署、国家技术监督局与国家进出口商品检验局	1997－12－31
3	废电池污染防治技术政策	原国家环境保护总局、国家发展和改革委员会、建设部、科学技术部、商务部	2003－10－9 2016－12－2 修订

续表

序号	法规名称	制定机构	发布/实施时间
4	包装资源回收利用暂行管理办法	中国包装技术协会、中国包装总公司	1999－1－1
5	废旧家电及电子产品回收处理管理条例（征求意见稿）	国家发展改革委员会	2004－9
6	电子信息产品污染控制管理办法	原信息产业部、国家发展和改革委员会、商务部、海关总署、国家工商行政管理总局、国家质量监督检验检疫总局、原国家环境保护总局	2006－2－28/2007－3－1
7	报废汽车回收管理办法	国务院	2001－6－16
8	汽车产品回收利用技术政策	国家发展和改革委员会、科技部、原国家环保总局	2006－2－6
9	再生资源回收管理办法	商务部、国家发展和改革委员会、公安部、建设部、国家工商行政管理总局、国家环境保护总局	2006－5－17
10	废弃电器电子产品回收处理管理条例	国务院	2009－2－25
11	电动汽车动力蓄电池回收利用技术政策（2015年版）	国家发展改革委、工业和信息化部、环境保护部、商务部、质检总局	2016－1－5

6.1.2.1 《旧水泥纸袋回收办法》

1989年11月5日，为节约使用纸资源，缓解水泥包装纸的供应紧张问题，国家建筑材料工业局、物资部、财政部、建设部联合颁布了《旧水泥纸袋回收办法》。

《旧水泥纸袋回收办法》以部门规章的形式确立了生产者（水泥厂）对其产品的包装物（废旧水泥袋）回收责任，回收形式可以是企业自行回收，也可以委托纸袋收购单位负责回收；并对水泥袋的回收比例做出了明确的数量要求；在水泥袋回收过程中构建了押金——退款制度，具体做法是：用户在购置水泥时须按规定缴纳一定的纸袋押金，用户需在规定时间内退回旧袋，生产者将按水泥袋子回收质量标准按比例返还押金，以激励消费者如期返还水泥袋，对于不能（如期）返还的情况也有明确的处置措施；具体执行过程中对旧水泥袋的回收质量标准进行了详细设定，强化了法规的可执行性。

如上可见，《旧水泥纸袋回收办法》设立的目的是为缓解旧水泥袋的资源问题而不是解决环境污染问题。法规中所建立的生产者回收旧水泥袋的延伸责任，即是废弃产品的回收责任，在具体实施过程中构建、依托押金返还制度，是我国最早的生产者责任延伸理念的体现之一，也是最早的生产者延伸责任的行政强制与经济调节法规结合的典范之一。

6.1.2.2 《关于限制电池产品汞含量的规定》

1997 年 12 月 31 日，为加强电池产品汞污染的防治工作，根据《环境保护法》《标准化法》和《进出口商品检验法》，我国原轻工总会、国家经济贸易委员会、国内贸易部、对外经济合作部、国家工商行政管理局、国家环境保护局、海关总署、国家技术监督局与国家进出口商品检验局等 9 个部委局联合制定、颁布了《关于限制电池产品汞含量的规定》。法规指出，与电池产品有关的生产者、进口者、销售者和消费者均对电池产品的汞污染负有防治责任。

法规中第四条对电池产品中汞含量的限制做出了明确的数量要求。

第五条对市场上电池产品销售的汞含量标准做出明确要求，同时要求电池上须标注汞含量。这就要求电池生产者（进口者）对产品生产的材料成分做出要求，明确了生产者（进口者）的源头预防责任，同时承担产品环境信息披露责任。

第九条规定电池的回收、处置责任应由多个部门共同承担，并没有指出生产者应承担的延伸责任。

6.1.2.3 《废电池污染防治技术政策》

2003 年 10 月 9 日，为贯彻《固体废物污染环境防治法》，引导、规范废电池管理，促进其无害化处置和资源再生技术的发展，原国家环境保护总局、国家发展和改革委员会、建设部、科学技术部、商务部联合发布了《废电池污染防治技术政策》。

法规1.1中界定了“废电池”范围。

法规第2条中对电池生产者（进口者）对产品分类标识、使用与拆解方法标识、有毒物质含量标识等负有相应的产品环境信息披露责任，同时对电池中镉、铅等有害元素含量标准做了明确规定。

法规第3条中对废旧电池的回收责任主体、回收对象进行了明确界定。指出承担回收责任的是充电电池和扣式电池的制造商、进口商、使用商，以及其他委托生产商，并对回收方式也做了相应规定。

法规第6条中对废电池处置单位的资质、资源再生过程中有害成分的处理、拆解，以及防治二次污染的设施安排要求等做出了明确规定。

第7条中则对于目前无法满足经济技术要求处置的电池产品的处置提出了相关要求。

总体上，《废电池污染防治技术政策》对电池产品生产者（进口者）的源头预防责任、产品环境信息披露责任，以及废弃后的回收、利用与无害化处置等责任进行了明确要求和规定。对废电池产品延伸责任的承担主体进行了明确界定，同时对可回收利用的实施对象也做出了界定，同时还就促进EPR制度实施的鼓励与支持政策内容做了原则性、宣示性规定。

然而，由于《废电池污染防治技术政策》属于指导性技术性文件，内容设置上相对缺乏政府相关部门对法律实施的监管与调控措施，法规中对违反相应责任的处罚措施没有明确规定，因此在实践中面临难以实施的窘境。

2016年12月26日该政策予以修订，增加了“铅蓄电池生产及再生污染防治技术政策”。法规实施范围有所拓展；废电池的回收体系建设突出了现代信息技术的运用；明确提出“鼓励”电池生产者履行生产者延伸责任，消费者在废电池回收中应承担返还责任；并对不同种类废旧电池的分解利用技术进行了详尽规定，鼓励研发新的废电池的资源化利用技术。修订后的法规明确规定了生产者在电池产品环境信息披露、废电池回收、分类、技术拆解与利用过程中的延伸责任，但是使用的“鼓励”等宣示性表述使得法规实施过程中的强制性力度不足。

6.1.2.4 《包装资源回收利用暂行管理办法》

为解决产品包装废弃物，特别是“白色污染”造成的环境污染问题，由中国包装技术协会和中国包装总公司联合发布的《包装资源回收利用暂行管理办法》于1999年1月1日开始正式施行。该办法是根据《固体废弃物污染环境防治法》的有关条款制定的。

该办法中所涉及的包装物材料包括了纸、木、塑料、金属、玻璃等，对各类包装物回收利用的总体原则、回收渠道、回收办法、回收分类，以及再生利用原则与管理办法、技术要求等均做了相关规定。

办法中第二十七条指出生产者与销售者应尽量减少包装物的体积与重量；包装废弃物再利用遵循“原物复用为主，加工改制为辅”的原则，对于可加工利用的遵循“可回炉，不废弃”原则。从包装物产品生产的原材料选择上明确提出首要选择循环使用废弃物的要求，从源头提出了资源减量化、节约化要求。

第二十八条明确提出销售者不得销售（或免费赠送）无回收标志的包装物。对销售者提出了明确的责任要求。

第四章三十一条至三十四条则对包装物的回收渠道、回收办法、回收分类原则等进行了详细尽规定。指出在回收过程中可采用押金返还制度与提成奖励等办法，以激励保障回收工作。

第四十六条针对不注重包装材料、包装新产品研发、不注重包装资源的回收利用的生产企业，相关政府部门要对其加强宏观管理，给予必要的经济处罚。该条法规可视为对不承担相关责任的生产者的责任追究与处罚，但是用语表述太过笼统。

总体上，该办法中所规定的适用于包装物领域的生产者延伸责任开始由废旧水泥袋基本扩展道路所有的包装物，对包装物生产者与销售者在产品的源头预防责任、包装物废弃后的回收、循环使用与处置责任做了规定。然而，相对来讲，该办法对于包装物如何回收、如何再次利用的技术层面规定表述详尽，对于该办法在实践中如何推行的政府监管措施规定相对欠缺。

6.1.2.5 《废旧家电及电子产品回收处理管理条例》(征求意见稿)

2004 年为规范废旧家电及电子产品的回收处理行为，国家发展改革委根据《清洁生产促进法》《固体废物污染环境防治法》的有关规定，制定并发布了《废旧家电及电子产品回收处理管理条例》的征求意见稿。

该条例针对所列家电包括电视机、电冰箱、洗衣机、电脑、空调等，包括废家电、旧家电，对其在回收、拆解、循环利用与处置等过程进行规范化管理。

法规中第三条指出家电生产者、进口者、销售者、使用者、维修者，以及回收处理者等均负有一定责任。

第九条、十条明确界定“生产者”为用自有品牌生产并销售的生产企业、提供品牌由其他生产企业生产产品的企业，以及进口商（进口代理人）等；生产者（进口者）应采用有利于回收和再利用的设计方案（含无毒无害、易回收利用的原材料选择责任)；生产者需公开产品主要材料成分、产品生产种类、产量、销售量与出口量等信息；生产者可自行或委托对废旧家电进行处置。

第十一条至十四条则对家电经销商、售后服务机构、消费者、回收企业、处理企业等在对废旧家电回收、处置过程中应承担的责任做了明确规定。

第十六条指出政府相关部门应及时研究制定废旧家电处理的技术政策和污染防治政策，以及废旧家电拆解的技术规范等，为废旧家电生产者责任延伸制度的实施提供政策与技术保障。

第四章二十三条至三十条条规定，对各责任主体不完全履行以上责任义务应承担的法律责任与经济处罚做出了明确规定。

总之，《废旧家电及电子产品回收处理管理条例》（征求意见稿）中明确界定了生产者范围与实施对象，对生产者需承担的源头预防责任、产品环境信息披露责任与废弃物的回收、拆解、处置与利用等延伸责任，以及销售者、回收者、售后服务机构、以及消费者、政府等各责任主体应承担的责任均做了相应规定，并对违反该条例应承担的法律与经济责任也做了相应规定。但是，该条例只是讨论稿，正式条例还未能出台。

6.1.2.6 《电子信息产品污染控制管理办法》

为控制和减少废弃电子信息产品对环境的负面影响，根据《清洁生产促进法》《固体废物污染环境防治法》等法规，2006 年 2 月 28 日原信息产业部、国家发展和改革委员会、商务部、海关总署、国家工商行政管理总局、国家质量监督检验检疫总局、原国家环境保护总局等七部委联合颁布了《电子信息产品污染控制管理办法》，2007 年 3 月 1 日正式施行。该法被媒体称为"中国的 ROHS"（ROHS（Restriction of Hazardous Substances），即《关于限制在电子电器设备中使用某些有害成分的指令》，是欧盟为规范电子电气产品的材料及工艺标准而立法制定的一种强制性标准。

法规中第三条、第九条、第十条、第十四条指出生产者在产品（含包装物）设计、生产过程中要注意更换使用材料，更新设计方案、工艺流程等以减少或消除电子信息产品中的毒害物质，同时便于产品废弃后的拆解利用与废置。即对生产者的源头预防责任、产品环境信息披露责任做出了明确规定。

第三条、第十三条、第十四条要求生产者、进口者与销售者对生产、销售的产品（含包装物）中含有的有毒、有害物质及其含量进行标注。

第十五条、第十六条则分别对产品的销售者、进口者提出了责任要求。

第十七条、第十八条指出政府相关部门制定产品的有毒元素、物质控制执行标准，负责发放电子产品污染控制重点管理名录。

第二十二条、第二十三条对违反以上源头预防责任、产品环境信息披露责任的生产者、销售者等由各政府部门依法处罚。

第二十四条对政府各部门不能良好履职的也提出处分与责任追究与处罚。

总体上，法规中明确界定了生产者不仅包括产品的生产者，也包括了产品的进口商；指出该办法实施的对象为电子信息产品，而并不包括所有的家用电器产品；法规中明确规定了电子信息产品生产者的源头预防责任、产品环境信息责任；并对生产者不履行相关义务应担负的强制性的法律责任进行了规定。

6.1.2.7 《报废汽车回收管理办法》

为规范报废汽车回收并加强其管理，国务院于2001年6月16日发布《报废汽车回收管理办法》。办法中“汽车”包括摩托车、农用运输车。

该办法第六条指出对报废汽车回收业实行特种行业管理，回收企业实行资格认证制度。

第七条将回收企业资格认证所需条件与要求进行明确规定。

第十条至第十二条对汽车报废的过程与要求进行了详细描述。

第十四条对报废汽车的零件拆解要求做了规定。

第二十条至第二十五条对回收企业违反相关责任义务的法律责任进行了详细规定。

总体上，该办法就报废汽车回收业的管理原则，回收企业的资格认证，以及回收过程与要求进行了较详细的规定。

6.1.2.8 《汽车产品回收利用技术政策》

为推动我国报废汽车产品报废制度的建立，2006年2月6日国家发展和改革委员会、科技部、原国家环保总局联合发布了相关指导性文件《汽车产品回收利用技术政策》，用以指导汽车产品设计、制造、报废与回收利用等工作的顺利开展。

法规第四条明确提出汽车产品在生产、维修与拆解过程中要鼓励零部件与材料的再利用。

第八条提出政府将制定（修订）相关配套政策和标准引导汽车产业的良性发展；构建汽车报废材料的分类收集、再生资源回收加工与利用体系；建立完善的相关法律体系、政策体系、技术体系与激励约束机制与回收利用测评体系。

第十一条、第十二条对在我国销售的汽车产品的生产设计与材料选择提出要求，规定要优先采用资源利用效率高、污染物产生量少，有利于回收利用的技术和工艺，尽量采用可再生的零部件或材料进行产品生产。

第十三条要求零部件生产企业向汽车生产企业提供其配件材料构成(包括有害物质含量与性质)、结构设计或拆解指南等信息。

第十五条、十六条规定汽车生产企业与进口企业要自行负责或委托第三方回收、处理报废汽车与包装物。

第二十一、二十二条条规定了汽车在生产、保养与维修过程中产生的废弃物（特别是有毒物质）要分类回收、利用或处置。

第二十八条至三十二条重点对报废汽车拆解、处理的原则、技术标准与相关企业的处置要求，以及拆解后材料的再生性利用等进行了较详尽的规定。

第三十三条至四十条为报废汽车处置与利用的保障性措施。第三十三条指出对按规定进行报废汽车产品回收并达到要求的企业、在生产中使用再生材料的企业，以及研发、应用回收利用设备的企业，政府将给予必要的优惠政策；第三十四条指出政府鼓励先进的产品设计、新型材料与环保产品的生产与再生材料的回收利用技术研发与引进；第三十五条指出政府将组织研发、推广有利于避免废弃物产生的生产工艺、设备；第三十八条、四十条明确了政府为推进报废汽车的回收利用等方面做出的调控与监管；第三十七条倡导广大民众选择绿色生活与消费方式，支持政府绿色采购。

总体上，该《技术政策》中对生产者的源头预防责任、产品环境信息披露责任，以及废弃产品的拆解、再生利用与处置责任；该政策中对于生产者的界定，不仅包括汽车的制造商，也包括了汽车进口商，甚至包括了汽车维修商等；此外，该政策中还就消费者、政府的相关责任进行了规定，并对保障汽车生产者延伸责任的承担进行了原则性与宣示性规定。

6.1.2.9　《再生资源回收管理办法》

为促进再生资源回收，规范再生资源回收行业的发展，2006 年 5

月 17 日，商务部、国家发展和改革委员会、公安部、建设部、国家工商行政管理总局、国家环境保护总局等六部委联合颁布了《再生资源回收管理办法》，2007 年 5 月 1 日正式施行。该办法是根据《清洁生产促进法》《固体废物污染环境防治法》制定的，重在对再生资源回收行业的健康发展，再生资源回收经营的回收行为进行管理与规范的规章制度。

办法中第十四条规定了再生资源回收可采取上门回收、流动回收与固定地点回收等，结合电话、互联网等信息工具实现多元化回收方式；第十七条则对各地区的再生资源回收网点规划与建设进行了规定。第十五条、十六条指出政府各部门负责制定并实施再生资源回收的政策、标准、发展规划，实施行业监管。第十九条指出了再生资源回收行业协会应履行的职责。

办法中规定若生产者自建回收体系承担废弃物的回收、利用与处置责任，应按照《再生资源回收管理办法》予以调整。该办法的颁布与实施进一步促进了生产者更好地履行其延伸责任。

6.1.2.10 《废弃电器电子产品回收处理管理条例》

为规范废弃电器电子产品的回收处理活动，促进资源高效的、综合性利用，实现循环经济法发展，国务院根据《清洁生产促进法》《固体废物污染环境防治法》，于 2009 年 2 月 25 日颁布了《废弃电器电子产品回收处理管理条例》，自 2011 年 1 月 1 日起施行。

条例第三条、第二十条指出政府相关部门负责制定并发布《废弃电气电子产品处理目录》，拟订废弃电器电子产品回收处理的政策措施、技术规范，组织实施，负责监管。

第五条指出废弃电器电子产品实行多渠道回收与集中处理制度。

第七条提出建立废弃电器电子产品处理基金制度。生产者、进口商等需安定缴纳基金用以处置废弃产品，征收、使用与管理等办法由政府相关部门研究制定。

第十条指出电器电子产品生产者、进口商等应采取有利于资源综合利用与无害化处理的原材料与产品设计方案；同时在产品本身与说明书商标注产品（有毒）材料成分构成与回收处理提示等。即明确规定了生产者（进口者）的源头预防责任与产品环境信息披露责任。

第十一条对生产者、销售者与废弃电器电子回收经营者等对废弃产品的回收责任进行了鼓励与宣示性规定。

第十二条、十五条、十六条则对废弃电器电子回收经营者的回收与处置责任进行了规定。第十八条指出废弃电器电子产品处理企业可按规定享受税收优惠政策。

第二十七条对电器电子产品生产者（进口者）不履行源头预防与产品环境信息披露等责任义务应承担的法律责任进行了明确规定。

第二十八条至三十二条对废弃产品的处理企业不严格履行义务应承担的法律责任进行了详细规定。

第三十三条对政府主管部门的违反责任规定受到的刑事处罚、处分等进行规定。

总体上，该条例针对电器电子产品的生产者（进口者），以及维修者、回收经营者与废弃产品的回收处理企业等不同责任主体的责任内容均做了相应的责任规定。为促进生产者延伸责任的履行明确了行政责任与经济调节责任（废弃产品处置基金、经济处罚）；2010 年 9 月、2015 年 2 月先后两次公布《废弃电器电子产品处理目录》。

6.1.2.11 《电动汽车动力蓄电池回收利用技术政策》

为指导电动汽车动力蓄电池的设计、生产，以及有序回收利用，促进上下游企业联动的电池回收利用体系构建，促进资源循环利用，防治环境污染。国家发展改革委、工业和信息化部、环境保护部、商务部、质检总局组织制定了《电动汽车动力蓄电池回收利用技术政策（2015 年版）》，并于 2016 年 1 月 5 日予以发布（国家发展改革委，2016）。

该法领第三条将本法令的实施对象“废旧动力蓄电池”进行了明确界定。

第五条明确提出要严格落实生产者责任延伸制度，明确电动汽车生产企业（含进口商）、动力蓄电池生产企业（含进口商）与梯度利用电池生产企业作为电池产品的生产者应承担电池的回收利用责任；报废汽车专业回收拆解企业承担对报废汽车上动力蓄电池的回收责任。

第七条特别对电动汽车、动力蓄电池产品设计与原材料使用做出明确的绿色化要求，即规定了生产者的源头预防责任。

第八条要求电动汽车与动力蓄电池生产企业要提供产品的拆解技术信息，即生产者对产品的环境信息披露责任做出规定，以便于日后回收利用。

法令第三章为废旧动力蓄电池的回收规定。对于回收网络建设、回收信息统计和上报、从事回收业务的企业需具备的条件，以及废旧电池的更换交售、拆卸要求、贮存要求、运输要求、放电要求等方面均做出了具体要求。

法令第四章为废旧动力蓄电池的利用规定。对于废旧动力蓄电池的利用原则、梯级利用规范、再生利用规范、拆解要求、热解要求、粉碎分选要求、冶炼要求、信息记录等利用规范与具体拆解回收规范进行了详细规定。

第二十七条提出动力蓄电池的回收可采取押金、回购、以旧换新等多重真能干措施，将探索将废旧动力蓄电池纳入“废弃电器电子产品回收处理基金”。

第二十八条至第三十三条分别在技术研发、国际合作、产品认证，以及行业协会制度建设与公众参与等方面提出了具体的促进措施。

总体上，该法令明确提出了产品生产者要严格落实生产者责任延伸制度，明确界定了实施对象范围、生产者主体范围及包括源头预防责任、产品环境信息披露责任与回收利用责任任内容，同时就回收网络体系建设与拆机利用技术政策等均进行了详尽规定。

6.1.3 生产者责任延伸制度的地方性立法

依据以上 EPR 制度的基础性立法与专项性立法的相关规定，各地方结合区域经济社会发展实际制订了符合本地区的地方性环保立法，或按照部分产品特征制定了特定产品领域的生产者责任延伸制度。

6.1.3.1 特定产品领域的生产者责任延伸制度

1999 年 3 月 31 日，北京市政府颁布了《北京市限制销售、使用塑料袋和一次性塑料餐具管理办法》（北京市人民政府令 1999 年第 25 号），自 1999 年 5 月 1 日起施行。该办法中对在北京市行政区域内生产、销售，以及在经营中使用塑料袋和一次性塑料餐具的单位和个人提出了相应的规范；其中第五条指出塑料餐具的生产者、销售者，以及在经营过程中的使用者对塑料餐具负有回收利用的责任，生产者需采取废弃塑料餐具回收利用的相应措施；第六条、第七条则提出了违反相关规定应承担的法律责任。

2000 年 1 月 3 日，青岛市政府颁布《青岛市防治一次性塑料餐具和塑料包装袋污染环境管理规定》（山东省青岛市政府令第 99 号），自 2000 年 2 月 1 日起施行。法规中正式规定了一次性可降解餐具的生产者和销售者应当承担废弃塑料餐具的回收利用责任；各级环保、工商、卫生、技术监督等政府部门和管理机构具有监管责任。另外，该规定于 2002 年 11 月 22 日进行修订。

2000 年 6 月 14 日上海市政府颁布《一次性塑料饭盒管理暂行办法》（上海市人民政府令第 84 号），自 2000 年 10 月 1 日起施行（该办法于 2014 年 5 月 7 日废止）。该办法对“上海市行政区域内一次性塑料饭盒的生产、销售、使用、回收利用”等方面做出了相应的规定。其中第七条指出，生产、销售一次性塑料饭盒的企业需向有关政府部门缴纳一定的费用，这些费用将被用来处置废弃后饭盒造成的“白色污染”进行回收处置，一定程度上体现了“污染者付费”原则，同时也是对废弃物回收处置模式商增加经济责任承担方式做出的有益尝试。法规中第九条、第十条分别对一次性塑料饭盒的生产者、销售者、使用者等需承担废弃餐具的回收责任；第十一条提出该回收工作也交由专门的回收单位来承担；第十二条则就废弃餐具回收后的处置问题进行了明确规定。

以上地方性法规分别针对塑料袋、一次性塑料餐具等污染性较强的废弃物品，提出其生产者、销售者，以及经营使用者需承担对废弃物品的回收处置责任。

6.1.3.2 地方性环保立法中的生产者责任延伸制度

2001年，江西省颁布施行了《江西省环境污染防治条例》，2008年该法修订。条例中第四十四条、第四十八条针对固体废物的资源化利用与无害化处置，特别是电池的生产者、销售者的回收、处置责任做出了规定；第四十九条则对列入强制回收目录的产品和包装物的生产者、销售者的回收责任做出明确规定。

2002年，山东省人大常委会颁布了《山东省实施〈中华人民共和国固体废物污染环境防治法〉办法》。办法中第六条明确要求企业要采取清洁生产工艺和技术，减少固体废弃物产生；第七条提出生产者要对产生的固体废弃物自行回收利用或委托有资质的企业代为处置；第十九条、二十条提出电池要实现低汞、低镉、无汞、无镉的生产，并对电池生产者、销售者和使用者的回收、处置与利用责任做出了明确规定；第二十一条特别提出了列入国家强制回收目录的废旧电气的制造者、销售者、使用者应承担的返还、回收与处置责任（李世杰，2006）。

2001年，上海市人大常委会通过《上海市市容环境卫生管理条例》。该条例第三十七条指出废弃物的处置原则为资源化、无害化原则，鼓励废弃物的回收利用；第四十二条规定塑料废弃物、废电池等应单独回收处置，政府可对塑料制品、电池等产品的生产者、销售者的废弃物回收和处置责任做出明确规定。

以上地方性的法律法规是各地区为解决废弃产品的污染问题而对生产者需承担的延伸责任做出的或多或少的规定。另外，一些省市也相继出台了区域性的《循环经济促进条例》。这些法律法规虽然没有被直接冠名“生产者责任延伸制度”，但是这些法规或直接或间接地对生产者应当承担的延伸责任做出了相应的规定，实质上已经成为我国生产者责任延伸制度的原型，为解决废弃产品的污染问题，引导、强制生产者承担相应的法律责任（义务），促进废弃物的资源化、无害化处置起到了决定性的作用。

6.2 我国生产者责任延伸制度立法上存在的问题

通过如上分析，可以发现我国现行的多部法律法规中已经对生产者的延伸责任有所规定，初步具备了 EPR 制度原型。然而，事实上由于生产者责任延伸思想及其实践经验传入我国的时间较短，相对而言国家各层面，包括生产者、销售者以及消费者等在内的主体对产品生产、销售与使用过程中造成的环境影响意识较淡，对生产者责任延伸制度设计与实施等缺乏统一的认识，导致我国现行的生产者责任延伸制度不具备系统化、规范化特征，现有的相关法律法规之间缺乏体系性、层次性，法规内部在内容设计上缺乏明确的考核指标，特别缺少量化的可操作性强的考量指标，总体上导致在实践中无法有效发挥应有的法律约束功能。我国生产者责任延伸制度立法的突出问题主要体现在以下几个方面。

6.2.1 立法体系未形成系统性总体框架

从上述的法律、法规或规章，可以看出，我国的生产者责任延伸制度多以制度、规章、原则和技术措施等各种形式分散在基本法、部门规章、技术规范等多种、多部法律文件中，各项法规内容之间缺乏应有的协调与衔接；在内容设计上多为原则性、宣示性规定，法律约束力不强，明确的特别是量化的可操作性具体指标设置明显不足，导致法律效力参差不齐。究其原因可以认为，这些法律、法规或规章在设计之初并不是以解决废弃产品问题为主要目的而设立的，且各项法规都没有被直接冠名为“生产者责任延伸制度”。事实上，是随着废弃产品引起的环境污染问题的日益严重，国家相关立法部门认为生产者理应对其生产的产品造成的环境影响问题承担一定责任，从而在相关法律法规中设立了生产者的部分延伸责任。因此，总体上来看，我国目前没有独立的、专门的生产者责任延伸制度，只是部分法规中体现了生产者延伸责任思想，在生产者责任延伸制度的建设上基本缺乏整体的构想与设计，导致目前的立法体系既不系统也不完善，还没有形成生产者责任延伸制度的总体框架。

6.2.2 生产者延伸责任主体缺失责任内容不明确

6.2.2.1 延伸责任主体缺失

由于缺乏整体思想的指导，现有的法律中所体现的生产者责任延伸法规内容之间存在着明显的不一致，甚至出现了相互矛盾的现象。这主要体现在对“生产者”责任主体的界定上。生产者责任延伸制度的顺利实施，作为责任主体生产者的界定是首要问题，界定不准确将可能出现延伸责任承担相互推诿或无人承担的潜在问题。我国现行法规中关于“生产者”界定存在不一致的现象。如在《清洁生产促进法》中指出，生产者要承担主要的延伸责任，同时销售者也要承担部分责任；而在《固体废物污染环境防治法》中又将生产者界定为生产者、销售者和进口者；《固体废物污染环境防治法》与《循环经济促进法》中消费者还被赋予了废弃物返还与处置责任。可以看出，各部法律中对“生产者”的界定却并不具体、不清晰。各部法规之间缺乏对“生产者”界定的原则性与例外性的规定，最终导致了法规之间出现了主体界定不一致的情况。为此，针对“生产者”的界定问题，首先应在基本法等统领性法规中确定“生产者”主体界定的原则性规定；其次，在专项法规中针对具体的废弃产品领域，具体界定应承担延伸责任的生产者应包括哪些主体；最后，还应该对于一些特殊的产品领域，在例外情况下承担延伸责任的生产者又可能包括哪些主体。这些问题都应该在立法中得以解决，做到对生产者责任主体的准确界定，才能提高生产者责任延伸制度的可操作性。

6.2.2.2 责任内容不全面

按照EPR概念内涵，生产者需承担产品整个生命周期内的环境影响责任，包括源头预防责任、产品的环境信息披露责任、清洁生产责任，以及废弃产品的回收、利用与废置责任等。因此，生产者的延伸责任必须包括消除产品环境影响的全部责任。

然而，从目前我国的相关立法来看，生产者的延伸责任规定大多涉及了源头预防责任、产品环境信息披露责任与废弃产品回收、处置与循环利用责任的某些方面。有的法规中只包括了废弃产品的回收责任，有的包括了废弃产品的回收、利用与处置责任，有的则包括了三方面责任的某些具体内容。譬如《固体废物污染环境防治法》缺乏对产品环境信息披露责任的规定，《清洁生产促进法》对这三项责任都有所规定，而有些法律却未规定全面。总体来看，我国生产者责任延伸制度中所确立的延伸责任内容还较少，不太全面。这就存在一个潜在的问题，那就是部分延伸责任可能面临主体空缺的问题。在具体实践中，如果生产者只承担废弃物的回收责任，那么废弃物回收以后的处置与利用责任该由谁来承担？如果生产者承担了废弃物的回收、利用与处置责任，那么由谁去承担源头预防责任、产品环境信息披露责任与清洁生产责任？事实上，源头预防责任与产品环境信息披露责任，以及清洁生产责任只能由生产者自己去承担，而不能转由其他主体来承担。如果法律法规或规章不对这些责任做出具体规定，生产者责任延伸制度在实践操作过程中将面临重重阻碍。

生产者责任延伸制度的实施，需要以生产者为主要责任主体的，包括进口者、销售者、消费者、政府等各个主体各自承担相应的责任，相互配合，发挥协同义务。这就要求法律、法规中明确界定各责任主体的责任内容与承担方式。在现行法规中，基本明确了生产者在延伸责任承担方面的主导地位，但是对于销售者、消费者、政府的相关责任缺乏明确规定，这些责任规定的缺失一定程度上造成生产者延伸责任承担的阻碍，影响了 EPR 制度实施的推进（付健，2012）。

6.2.3 立法缺乏刚性约束

从发达国家 EPR 制度的立法建设实践来看，EPR 制度在制度设计上应包括强制的行政管制制度与经济调节制度相结合的综合性制度体系，是国家运用法律化的行政管制手段与经济调节手段应对废弃产品问题的综合体现（唐绍均，2007）。目前，我国现行的生产者责任延伸制度的法律体系中基本为单一的行政管制制度。且在法律条款中大多使用“鼓励”“倡导”“支持”等原则性、宣示性用语，法律总体可操作性不强，缺乏刚性约束。

如《循环经济促进法》中第十五条规定："生产列入强制回收名录的产品或者包装物的企业，必须对废弃的产品或者包装物负责回收；对其中可以利用的，由各该生产企业负责利用；对因不具备技术经济条件而不适合利用的，由各该生产企业负责无害化处置。"该条法规对生产者关于废弃物的回收、利用与无害化处置责任进行了明确规定。然而，该法规中却并没有明确规定生产者不履行此项义务应承担的法律责任。

部分法规中，即便对法律责任进行了规定，也基本上使用"责令限期改正"等模糊性的言辞予以表述。譬如《固体废物污染环境防治法》中第七十二条"违反本法规定，生产、销售、进口或者使用淘汰的设备，……，由县级以上人民政府经济综合宏观调控部门责令改正"，该规定中的"责令改正""情节严重"等法令要求与标准模糊，人为操控性强；又如《清洁生产促进法》第三十七条规定"未标注产品材料的成分或者不如实标注的，由县级以上地方人民政府质量技术监督部门责令限期改正；拒不改正的，处以五万元以下的罚款"，该规定中既没有明确实际的"限期"时间，也没有明确具体的罚款金额，总体法律约束力不强，实际操作性较差。

如上述分析，现行的生产者责任延伸制度中多为行政管制制度，且现有的行政管制制度的刚性约束力不强；经济调节制度设计欠缺，少量的经济调节手段也并未实际应用。在综合运用法律化的行政管制手段与经济调节手段方面明显不足。如此一来，现有的生产者责任延伸制度对违法不履行责任的生产者起不到足够的约束与惩戒作用，依法承担延伸责任的生产者起不到应有的激励作用，甚至可能打击了守法生产者的积极性。基于"经济人"的趋利本性，生产者在生产经营活动中必然考虑自身行为的成本与收益。对于延伸责任生产者会因为相关政策的扶持、激励而选择积极承担，也会由于短期的利益驱使而选择逃避承担。当 EPR 制度规范起不到应有的强制与约束作用时，特别是生产者在具体实践中的守法成本明显高于违法成本时，生产者"追求利益最大化"的本性将不再拥有承担延伸责任的主动性与积极性，转而选择逃避责任的承担。从而造成了生产者责任延伸制度在执行和实施力度上的弱化，现有的法律法规或规章的权威性和强制力就受到了极大的挑战，同时也削弱了其应有的促进环境保护的作用（唐绍均，2007）。

6.2.4 生产者责任延伸制度立法导向偏颇

我国现行法规中生产者责任延伸制度主导思想仍然以资源导向为主，环境导向为辅。除电池类法规外，其他产品领域的专项立法对废弃产品的回收和处置规定重点倾向于资源的回收利用，在拆解利用的基础上关注环境危害问题。

譬如，《旧水泥纸袋回收办法》（1989）中明确提出“为节约使用纸资源，推动旧水泥袋回收工作的开展，环节水泥包装纸供应紧张矛盾”而制定。《包装资源回收利用暂行管理办法》（1999）中除规定包装物生态化设计原则，确保原生资源的减量化开采和使用外；重点规定了以纸、木、塑料、金属、玻璃为原材料制作的各种包装废弃物的回收与利用，对于其他材料种类（如陶瓷、竹本、天然纤维、化学纤维、复合材料等）对环境具有潜在危害的废弃包装物却未提及。《报废汽车回收管理办法》（2001）中第十二条提出报废汽车的所有人或单位“应当”将报废汽车及时交售给报废汽车回收企业，法规中并未对报废汽车所有人违反该条规定应担负的责任。法规重点在于对回收报废汽车以后的回收与拆解处理企业的资格认证及其回收拆解工作的详细规定及其违反罚则。《废弃电器电子产品回收处理管理条例》（2009）第二条指出“废弃电器电子产品的处理活动”是指“将废弃电器电子产品进行拆解，从中提取物质作为原材料或者燃料”，再“减少或者消除其危害成分”以及“将其最终置于符合环境保护要求的填埋场”。

以上法规中明确体现了各废弃产品的回收、处理的目的，首先是解决资源不足问题，其次才是废弃产品的不正规回收、废置，以及在拆解利用过程中造成的环境污染问题。

6.2.5 生产者责任延伸制度建设与实施不完全

从生产者责任延伸的概念上可以看出，主要包含两个方面的内容：

一是，该制度要求生产者对其产品生命周期内各个阶段对环境造成的不良影响都要承担责任，包括产品设计、生产过程、产品售后直到产品终止（废弃）后的回收、循环再利用和无害化处置等；二是，制度覆盖的对象，理论上来看包括所有的产品，具体实践中可以从产品量大、污染程度高，对环境污染影响较大且回收价值高的产品开始实施，然后逐渐扩展至一般产品。

现行法规中对于生产者延伸责任的规制主要侧重于废弃物的回收利用责任，对于产品的生态设计、生产过程与环境信息披露责任等方面的规定多用“应该”“鼓励”等原则性用语，法律责任规定较少。回收和拆解处理利用废弃产品已经成为 EPR 中一种独立的责任形态，并成为实施 EPR 的核心。然而，在电器电子产品实施过程中，由生产者是向政府缴纳回收处理基金，实际承担的仅仅经济责任，不承担实际的回收和拆解处理、利用的物质责任，导致制度实施的强制性不够，也缺乏有效的激励作用（唐绍均，2007）。而且，制度实施过程完全由政府主导。譬如，废弃电气电子产品处理基金由国家财政部设立，具体实施过程中也由财政部门负责征收和使用管理，事实上造成了专业水准低，执行透明度不够，难以发挥行业协会、生产者和专业回收处理企业的作用（彭绪庶，2016）。

目前，我国实施生产者责任延伸制度的产品主要有电器电子产品、包装废弃物、废旧汽车、电池等。相关法规、政策制定、建设与实施等方面，相对来看以电器电子产品领域较为完善。然而，在电器电子产品领域，也仅仅是对个别产品种类实施了不完全的 EPR 制度。同时，对于更为广泛的其他的产品领域，特别是对环境也有较大影响产品种类，以及建筑垃圾等在内的废弃物问题的解决也亟须建立实施生产者责任延伸制度。

6.3 以生态文明理念完善生产者责任延伸制度立法体系

生态文明理念要求人类形成与自然和谐发展的整体价值观和方法

论，强调人类转变经济社会发展方式，与自然界和谐共存，实现人类经济社会的永续发展。而这正与生产者责任延伸思想和价值理念不谋而合。从这个角度而言，我们认为，在我国生产者责任延伸制度法律体系建设方面，必须以生态文明理念为指导，构建、完善全面、系统、和谐的 EPR 法律体系。

6.3.1 确立我国生产者责任延伸制度的立法框架

德国、日本等发达国家和地区成功的实践经验表明，完备的生产者责任延伸立法体系是 EPR 制度能够得以顺利实施，有效发挥其解决废弃产品问题功效的有力保障。在 EPR 立法体系构建与完善方面，在充分借鉴发达国家和地区的立法经验的基础上，应结合我国立法与废弃产品环境问题实际构建符合我国国情的 EPR 立法体系。

首先，应确立生产者责任延伸制度总体框架。如此，有助于实现生产者责任延伸制度立法体系内部的整体性、系统性，使得各法律条款内容相互衔接与协调，从而有助于避免生产者责任延伸制度内容的散乱。《循环经济促进法》是我国为促进循环经济发展，提高自然资源利用效率，实现环境保护和改善，经济社会可持续发展的基本法律。鉴于生产者责任延伸制度在该法律中已有明确规定，因此可以《循环经济促进法》作为我国生产者责任延伸制度的统领性法律，以此确立 EPR 立法总体框架，总体上确立生产者责任延伸制度原则与纲领。其次，根据各行业或领域的共性问题设定基础性法律，用以规范一定范围内的生产者延伸责任问题，现行法律中《清洁生产促进法》就生产者的清洁生产责任进行了特别规定；《固体废弃物污染环境防治法》对固体废弃物领域的生产者延伸责任进行了明确规定。再次，应制定一系列适用于不同具体行业和领域的单行法和实施细则作为基本法、基础法的配套法律，用以指导某一个（类）具体（产品）领域废弃产品的环境影响问题；最后，各个地方在 EPR 基本法、基础法、单行法的基础上，可结合区域经济社会发展实际制定适合本地区的具体实施的细则或办法作为补充。总体上形成用以引导、鼓励和强制生产者承担延伸责任的多层次的比较完备的生产者责任延伸立法体系（如图 6－1 所示），力求达到操作上的具体可行，以更好地应对我国日益严峻的废弃产品问题。

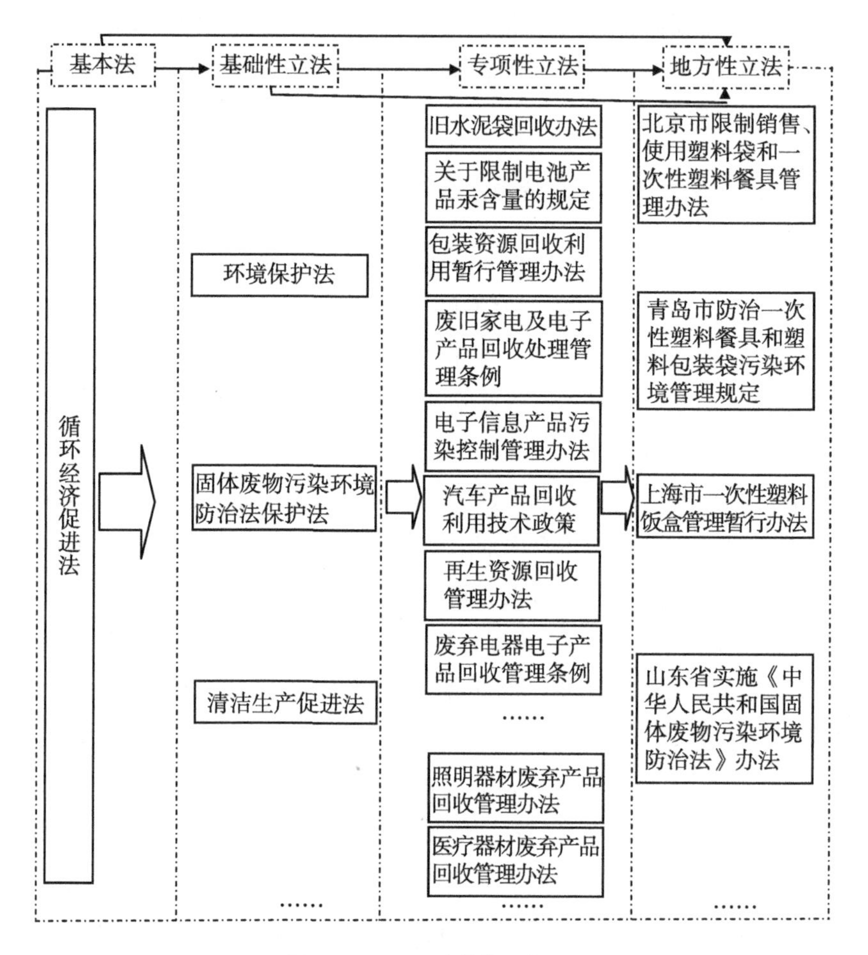

图 6－1　EPR 法律体系框架

在制定单行法或地方性法规等实施细则时应注意克服和改正现有法规中的问题，如生产者责任界定不清楚，法律责任不清楚，考核缺乏量化标准等。首先，应明确法规所适用的行业领域，继而明确该领域承担延伸责任的“生产者”范围，是仅指生产者，还是包括生产者和进口者，或者包括生产者、进口者与销售者；其次，针对特定产品，要进一步明确生产者、销售者、消费者（以及维修者、回收者等）各责任主体在产品生命周期的不同阶段各自应承担什么责任，也就是将源头预防责任、产品环境信息披露责任、废弃产品的返还、分类回收、处置与循环利用等责任中各主体应承担哪些责任，或者全部、部分确立为生产者的延伸责任；再次，要明确规定违反法律规定后要承担的责任，责任规定要尽量数量化、明确化，具有可操作性；最后，法律规定内容要以行政管制手段与经济调节手段相结合。

6.3.2 明确界定相关责任主体与具体责任

完备的主体责任机制是法律得以实施运行的基础。生产者责任延伸制度中责任主体和责任内容的界定与明确是生产者延伸责任的核心。

从发达国家和地区的实施经验来看，延伸责任的承担方式各不相同。如德国，生产者主要包括制造商、进口商、批发商、零售商与 DSD 有限公司，其延伸责任完全由生产者承担，实行的是严格的生产者单一责任主体承担方式，生产者承担废弃产品的回收责任。美国的生产者延伸责任采纳的是生产者、零售商、地方政府与消费者等各责任主体共同分担的多责任主体模式；而日本明确了政府、企业和公众的责任，鼓励公众为建立循环社会做出贡献，特别明确了企业和公众的“垃圾生产者”责任，提出企业要承担产品从设计生产到回收处理的主要责任。

通过以上分析可以看出，各个国家基于本国国情，在延伸责任主体的界定与责任分担方式上体现了各自不同的特征。但是，尽管主体界定与责任承担内容各不同，但均做出了明确而合理的规定。相对来讲，我国各部法规中对于延伸责任主体——生产者范围的界定，及其责任内容范围与内容设置还不完善，亟须做出改进。

6.3.2.1 生产者界定及其延伸责任内容

第一，生产者的具体界定。

之所以称之为“生产者”责任延伸制度，是因为生产者是延伸责任的主要承担者，是责任承担的主体，没有主体就没有主体的活动。一般来讲，“生产者”的范围是比较广泛的，主要有以下三种（冯之浚，2006）：第一种是实质上的产品的制造者，主要有产品成品的制造者、原材料与零部件的制造者等；第二种是“准生产者”，指产品上标有企业商标或字号用以表明该企业为产品的制造者；第三种为推定的生产者，包括产品的成品进口商以及无法查明产品制造者的销售者。在经济全球化趋势下，世界各国经济贸易往来频繁，仅仅要求本国的生产者承担延伸责任，将难以保证废弃产品的有效处置。因此越来越多的国家为了保护本国的环境与资源利益，往往以绿色壁垒的形式，规定本国的进口商对其进口的产品承担生产者延伸责任（国家发改委，2016）。成品进口商，指从事成品进口贸易的企业或商人，产品由进口商从国外购入由国外生产者生产制造的产品，其延伸责任理应由国外的产品制造商承担延伸责任；因为进口商是产品在国内的直接责任人，所以一般国内将产品的延伸责任转交由进口商承担，再由进口商把延伸责任转移给出口国的产品制造商，所以各国生产者责任延伸制度把生产者界定为产品的制造商与成品的进口商，实质上并未改变生产者的内涵，生产者仍然是指产品制造商，即本国的产品制造商与出口国的产品制造商。

生产者是作为产品的制造者，负责了产品生命周期上游的产品设计、原材料选用与产品环境影响评估等方面的工作，有责任、也有能力在产品设计环节把好关，从源头上把产品对环境的潜在不良影响降至最低；在产品生产阶段，生产者也有义务采取清洁能源、清洁生产工艺与技术，降低生产过程中的污染排放物；同时，生产者最了解产品的原材料构成与产品的环境影响信息与废弃后的拆解与处置信息，将这些信息告知销售者、消费者与废弃物回收与处置者，以便于他们承担相应的责任。总体上，生产者是产品整个生命周期内的控制者，能够决定产品设计与原材料的选择等，掌握着产品的详细信息，能够决定产品对环境产生影响程度的大小，也最有能力挖掘废弃后产品的再生使用价值。因此，生产者是延伸责任承担的主要主体。

在现实实践中，政府、销售商、消费者等主体也的确为消除废弃产品的环境影响承担了一部分责任。唐绍均教授认为延伸责任专属于生产者，不存在“延伸责任”与销售者、消费者等其他主体分配的问题，事实上所需要分配的是为“消除废弃产品环境影响所需承担的责任”。

笔者认为，产品的整个生命周期是生产者、销售者、政府、消费者等多个主体共同参与的过程，在这个过程的不同阶段中产品所产生的对环境的不良影响程度不等，其参与的主体也各不相同。为此，笔者认为，产品的延伸责任应当由产品生命周期内的各个参与主体共同承担，当然由以上分析可知，生产者在产品整个生命周期内对产品环境影响可控力最强，对产品环境信息掌握最充分，对废弃产品处置成本最低、效率最高，因此生产者理应成为产品延伸责任的最主要的承担者，这也是“生产者延伸责任”概念的由来。而政府、销售商、消费者等主体在消除产品的环境影响过程中所承担的责任，是否称其为“延伸责任”都没有实质上的影响，重要的是这些责任主体在产品生命周期的不同阶段确是得到了产品销售或消费的益处（如销售商可通过产品销售赚取进销差价，消费者获得了产品消费使用权，政府则通过产品销售获得税收等），也确实能够为消除废弃产品的环境影响去承担一部分责任，但一般情况不能作为主要责任主体去承担责任。

第二，延伸责任的具体界定。

生产者具体需要承担多少延伸责任，承担哪些责任？各国生产者责任延伸制度一般因其国情不同、废弃产品种类不同而各有差异，且生产者延伸责任随着 EPR 实践的推行也在不断调整。

目前，我国法律规范中规定的延伸责任主要是废弃产品的回收责任，部分法律中还包括了废弃产品的回收、利用与处置责任。《清洁生产促进法》中还对源头预防责任与产品环境信息披露责任做出了部分规定。总体上，我国生产者责任延伸制度中规定的延伸责任基本涵盖了延伸责任的三方面内容，及废弃产品的源头预防责任、产品环境信息披露责任、废弃产品的回收、处理与循环利用责任等。但就目前我国实际情况来看，生产者责任延伸制度所规定的延伸责任还不完备、不具体。所以，对于我国 EPR 制度的延伸责任的界定，也主要在于解决这个问题。

（1）源头预防责任的具体界定。

我国现阶段总体上处于工业化发展的中后期阶段，经济发展方式粗放，工业生产过程中能耗、物耗较高，资源、能源综合利用率较低，产品生产阶段的资源“减量化”的潜力巨大。相对来讲，日本、德国，及欧盟等发达国家和地区大多处于后工业化时代，生产过程中资源利用率较高，资源“减量化”潜力相对较小，所以这些国家的生产者责任延伸制度的法律规范设计侧重于废弃产品的资源化利用（冯之浚，2006）。因此，在法律中关于延伸责任的设计，就要特别强调产品生产阶段资源的“减量化”，确立生产者在产品设计、原材料选择，以及生产过程中的清洁能源使用与清洁生产工艺与技术的使用等源头预防责任内容。虽然在《清洁生产促进法》等法律法规中已经对生产者的源头预防责任有所规定，但是这些规定基本并非为了解决废弃产品问题而立，且有关生产者的源头预防责任规定较宽泛，具体内容还有待进一步细化。

（2）产品环境信息披露责任的具体界定。

如上所述，生产者作为产品的制造者对产品的环境信息掌握最充分，生产者承担产品的环境信息披露责任所需成本最低，效率最高。产品环境信息的披露有利于社会各界了解产品的环境特征，也可为生产者承担废弃产品的回收处置责任做好充分的准备工作。产品的环境信息披露责任主要包括：产品的环境危害警示责任，即产品中所含有的有毒、有害成分及含量等；废弃产品的回收、处置与循环利用信息标注责任；产品在生产销售阶段的产品种类、产量、销售量、出口量等信息及时披露给政府主管部门与社会公众；以及在产品的废弃处置阶段，将废弃产品的回收率、处置率与循环利用率等信息予以披露。目前，在《清洁生产促进法》等法律法规与规章中对生产者的产品环境信息披露责任也有所涉及，但是相关内容仍然有待细化。

（3）废弃产品回收、处置与循环利用责任的具体界定。

我国现行的法律规范中对生产者的废弃产品回收、处置与循环利用责任规定较多。从目前情况来看，需要进一步细化相关责任规定。具体来讲，首先应该结合实际制定需要强制生产者 回收、处置与循环利用的产品与包装物名录；其次，制定每种特定废弃物的回收率、处置率与循环利用率，制定数量化的责任标准，便于责任履行的考核工作。对于废弃产品的回收、利用与处置率，当然是越高越好，但是考虑到生产者承担此项责任的成本压力较大，鉴于我国当前的客观情况，需要采取循序渐进的手段，优先规定部分环境污染较强、资源承载量较大的废弃产品完成较高的回收率、处置率和循环利用率，然后逐步提高各项比例，适当增加产品种类。

6.3.2.2 消费者及其责任内容

消费者作为产品的使用者与废弃者，是直接的排污者，理应为消除产品的环境影响承担部分责任。产品在销售之后废弃之前消费者对其具有掌控权，废弃后由消费者将其转交给生产者或制定的回收机构，社会成本较低。为此，赋予消费者一定的回收义务是各国的普遍做法。消费者具体的责任包括废弃产品返还回收机构（销售者）责任、对废弃物的分类排放责任。在责任形式上分为经济责任与行为责任。例如，《循环经济促进法》中对消费者责任做了如下规定：首先，在产品使用过程中尽量减少产品的消耗，最大程度延长产品的使用寿命；其次，消费者具有主动配合生产者、销售者回收、处置与循环利用废弃产品的责任，具体包括，按照要求将废弃物进行分类处理，并返还至指定的回收地点；最后，消费者需支付一定费用，用以支持废弃物的回收与处置。具体的在经济责任方面，国际上比较通行的由两种做法：一是预支付费用，也称为押金返还制度，即在消费者购买产品的时候，关于废弃后的回收处理费就已经包含在产品的价格当中，待产品消费废弃返还后再将费用返还；二是在消费者丢弃废弃物的时候支付，即消费者在将废弃产品丢弃返还的时候要向回收企业支付一定的费用。

6.3.2.3 销售者及其责任内容

销售者是产品生产后直接与广大消费者接触的操作者，处于生产者与消费者中间，起到一定的桥梁沟通作用。在生产者责任延伸制度实施过程中，对于消除产品的环境影响，销售者主要承担以下责任：首先，选择环境友好型的产品进行销售。销售者进行产品的出售，需要对广大消费者负责，为其准备无毒、无害、绿色环保的产品；同时，销售者直接与生产者沟通，是除生产者以外能够第一时间了解产品环境信息的主体，有能力选择环境友好型的产品来销售；其次，宣传与告知责任。即销售者在销售产品时具有将所售产品的环境信息进行宣传并告知消费者的义务；最后，废弃产品的回收责任。作为产品的销售者，是产品在生产者与消费者中间的直接沟通人，在一定情况下应该承担消费者使用后废弃产品的接收、分类责任，并及时与生产者或专业的回收处理单位取得联系，对废弃物进行处置与利用。

6.3.2.4 政府及其责任内容

一直以来，政府在废弃物处置问题上承担了主要责任。生产者责任延伸思想传入我国以后，废弃产品的处置责任则转由生产者来承担，政府的角色发生转变，开始由“运动员”转变为“裁判者”。具体来讲，政府的主要责任主要有：首先，建立健全法律法规与配套制度体系，为生产者责任延伸制度的顺利实施提供法律保障；其次，完善与 EPR 立法配套的政策措施与实施细则，特别是激励、引导制度实施的扶持措施，如废弃物处置资金运行机制建设、环境税收优惠制度等；最后，健全制度实施监管与考核机制，如废弃物回收标准、拆解利用技术规范与标准、产品环境标志制度等。

6.3.3 构建行政管制与经济调节相结合的制度体系

Lindhqvist（1992）认为，EPR 制度可以通过管理制度、经济调节制度和信息制度来实现。发达国家在 EPR 实践过程中常用的政策制度主要体现在表 6－3 中（张芳，2014）。

表 6－3 基于 EPR 的政策制度

管理类制度	废弃物排放立法、制定标准、实施填埋管制、设立回收目标。目的是通法律和行政性管制等，控制废弃产品排放，促进企业保障必需的投入，以实现 EPR 制度的终极目标
经济类制度	对特定材料、产品征收环境税、进行补贴、预先征收处理费、实施押金征收与返还、建立废弃物交易和循环利用信用体系等
信息类制度	向行政管理部门报送产品详细信息；通过产品和组件的标志、标签，向消费者、回收者公开产品组件、结构及材料信息

在实施以上 EPR 制度的三类政策制度中，管理类制度和信息类制

度都可以通过法律和行政管制手段来实现，不涉及资金的运行，而经济类制度直接涉及企业的资金流。从发达国家的实践来看，资金流是EPR制度能否全面落实的关键（张芳，2014）。

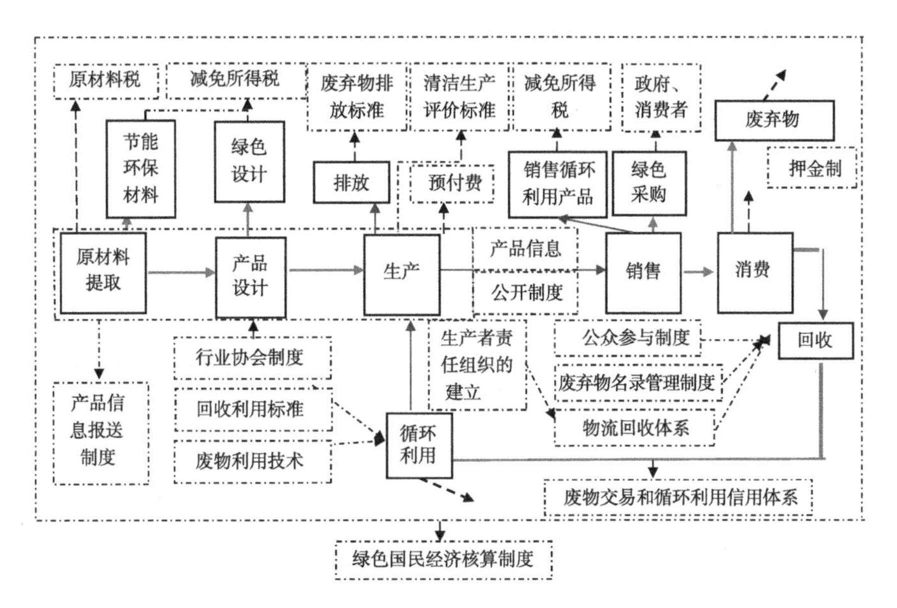

图6－2　EPR制度体系与运行

目前我国生产者责任延伸立法主要通过行政强制手段落实执行，经济调节政策相对不足，且在行政管制手段上，相对偏重延伸责任的规定，而对于不履行责任的法律责任规定较少。EPR制度在具体实施过程中可根据各地区循环经济发展现状与所处的发展阶段，有针对性地灵活单独运用法律或经济调节，或两者结合的实施方式，在确保生产者责任延伸制度能够获得环境效益的同时，兼顾经济效益。对于环境危害较大的废弃产品，在相关立法的基础上，应由法律强制规定生产者承担延伸责任，并对违法罚则做出明确规定；同时，宜适当增加经济调节手段，引导、激励责任主体积极承担相应的责任和义务，充分发挥行政法律管制与经济调节相结合的组合优势。对于环境危害小，且再生利用价值高的废弃物，可单独通过一定的经济刺激政策，由企业自身或通过第三方单位，借助市场机制引导废弃物的回收和再利用。在经济调节手段方面，可结合我国实际采取押金返还机制，适当收取废弃产品回收与处置费用，实施环境税收优惠、财政信贷优惠政策等，改变生产者在承担延伸责任的外部市场条件，从而影响生产者采取不同经济行为的成本与收益，实现对生产者行为的鼓励与间接调节（彭玉兰，2011）。为了引导、促进生产者承担延伸责任，确保生产者责任延伸制度的顺利实施，在相关立法的基础上，也应充分结合相关的配套制度予以保障。

例如，如图6－2所示，一家生产企业在从生产、销售产品，到废弃物的回收利用这一过程中，要面对或结合以下制度规定。企业生产前原材料选取与购置要缴纳原材料税，如选用的是节能环保材料或者产品采用的是绿色设计可按绿色税收制度适当减免所得税，产品生产过程中要按照废弃物排放标准、清洁生产评价标准进行生产与废弃物排放；销售者对各种产品的销售，如果销售循环利用产品，也可按照绿色税收制度减免所得税；政府与消费者购置产品按照绿色采购制度也有相应义务与责任；生产者要回收他的产品，就要与销售者相结合，采用押金制度，以激励消费者将产品送往指定的收集点；生产者也可能被要求给材料组成组件贴标签，以帮助回收商提供相关产品的结构和内容信息；按照废弃物名录管理办法，各种产品的回收者必须符合特定的回收标准，按照物流回收体系结合公众参与制度做好废弃物的回收工作；回收后的废弃物按照相应的回收利用标准与废物利用技术等进行循环利用。废弃物的回收利用与生产者责任延伸落实成效接受绿色国民经济核算制度评价。这些政策制度可能纳入现有废物管理法律的修订或建立相关的补充法律。

事实上，部分经济调节手段在实践中已经发挥作用并取得了良好的效果。如《上海市一次性塑料饭盒管理暂行办法》于2000年10月1日实行后，要求生产、销售一次性塑料饭盒的单位向有关部门登记，并缴纳一定的回收处置费用，待回收后再按回收比例返还处置费，用以鼓励废弃后的一次性饭盒的回收与处置。该经济手段的运用使得废弃物回收行为市场化运作，一方面实现了一次性塑料饭盒的监督管理，另一方面杜绝了白色污染，保护了环境。可见，经济调节手段的单独运用，抑或是与行政管制手段的综合运用可有效促进生产者责任延伸制度的顺利实施。

值得注意的是，国家通过立法将行政管制手段与经济调节手段用于引导、促进与强制生产者承担延伸责任，务必根据产品的类型、产品耐用度、产品成分、市场条件、运输条件、替代原料市场等因素（梁慧星，2004)，综合考虑是将各种手段单独使用还是组合使用（王干，2006)。

6.3.4 确立以生态利益优先导向的立法建设

生产者责任延伸概念的提出与实施，就是为了解决日益严重的废弃物造成的环境污染问题。基于部分废弃物在人类的生产、生活或社会活动中被开发使用一次废弃后，仍然可以可以回收加工再利用，拥有潜在的资源利用价值，这类废弃物被称为再生资源。也就是说部分废弃物同时拥有资源属性与环境属性。在循环经济发展过程中，拥有资源属性的废弃物，即再生资源具有可循环利用价值。生产者责任延伸制度的核心是依据“谁污染谁负责”的原则，将一直以来的由整个社会负担的废弃产品处理成本内化为企业内部环境成本，要求生产者进行环境友好产品设计、采用清洁能源清洁生产方式，减少污染物排放，要求产品链中的包括消费者、销售者、政府等不同角色参与，共同承担废弃产品的回收、利用和废弃物处置责任。生产者责任延伸制度以解决废弃物污染的环境问题与实现资源循环利用为终极目标。

然而，2011 年以来，我国经济增速持续下滑，以资源消耗为主的重化工和房地产业增长放缓，经济发展由高速增长逐渐转为中高速增长，经济结构不断优化升级，经济发展动力从要素驱动、投资驱动逐渐转向创新驱动，我国经济发展进入新常态。再加上欧洲、日本经济复苏缓慢，国际上大宗商品市场低迷。废旧产品处置与再生资源产业成本不断上升，而资源性产品价格却一直处于低位，废弃物处理产业链上包括生产者在内的各经济主体没有动力去承担废弃物处置责任，仅仅靠市场机制就会导致废弃物处理产业萎缩，从而造成巨大的环境污染压力（齐建国，2016）。因此，在这种背景下，我国生产者责任延伸制度的建设与实施目的是要实现社会福利的最大化，具体包括：①实现环境保护；②在安全前提下的资源化利用。为此，对于废弃物的处置应该以其环境属性为主，修复经济增长对生态环境的破坏，阻止环境福利的下降。

另外，在经济新常态下，由于高资源、能源消耗的重化工等产业发展增速下滑，为此对于资源的消耗强度下降，对再生资源的需求也在下降。随着物质消费水平的提高，居民对开始转而追求更高环境质量，因此，废弃产品的“资源属性”在逐渐下降，“环境属性”在上升。因此，生产者责任延伸制度相关立法的完善与建设应更加侧重于其作为废弃物所固有的环境属性（张芳，2014）。

6.3.5 构建完善的EPR制度，实施完全的延伸责任

对于现行法律法规中重回收利用责任，轻生态设计责任；制度实践中重经济责任，轻物质责任等问题，应在接下来的立法建设与实践中逐步完善。虽然，理论上生产者责任延伸制度中要求的生产者承担废弃产品的回收处置责任会逆向激励生产者主动承担产品的生态设计与清洁生产责任。然而，中国物流与采购联合会进行的我国2014年度企业绿色采购情况的调研发现，仅有43.38%的企业考虑了原材料、中间零部件的绿色生态化要求。实践证明这种激励作用是有限的，还需要进一步在法规中明确规范产品的生态设计责任。2016年12月25日国务院办公厅发布《生产者责任延伸制度推行方案》中明确提出“开展生态设计”是生产者延伸责任之一，并将持续推动在部分企业开展生态设计试点工作。对于生产者及相关责任主体在实践中具体应当承担物质责任、经济责任还是哪种责任形式，需要在实践中进一步摸索，从而真正体现生产者责任延伸制度的自愿性、强制性和激励性的平衡。逐渐转变政府完全主导的实施方式为以市场主导的，行业协会和主要企业为主体的管理体制。

在具体的实施对象上，应该遵循“量大面广，环境效果优先原则”，首先选择产品数量较大，其废弃物对环境影响较大的产品，如此

才能短期内在环境污染解决问题上呈现较好的效果（齐建国，2016）；其次，“从易到难的原则”，基于不同地区的居民环境意识水平差异较大，对环境支付意愿的程度大小不一的情况下，选择社会环境意识高，收入水平高，环境支付意愿高的地区先行先试（齐建国，2016）；最后，“从不完全责任到完全责任分步实施原则”，鉴于目前受到世界经济环境影响，我国再生资源市场一直处于低迷状态，废旧产品行业经济效益在不断下降的背景下，实施生产者责任延伸制度不宜一步到位，可根据市场的变化，逐步加大生产者责任，避免对企业经营产生过大的冲击。

参考文献：

[1] 王干．论我国生产者责任延伸制度的完善［J］．现代法学，2006，(04)．

[2] 刘毅．循环经济促进法将修订［EB/OL］．［2016－07－16］．http：//scitech. people. com. cn/n1/2016/0716/c1007－28559113. html

[3] 国家发展改革委．电动汽车动力蓄电池回收利用技术政策（2015年版）2016年第2号公告［EB/OL］．［2016－01－05］. http：//www. sdpc. gov. cn/gzdt/201601/t20160128_ 773267. html.

[4] 付健．论我国循环经济促进法的生产者责任延伸制度［A］．中国法学会环境资源法学研究会、环境保护部政策法规司．可持续发展·环境保护·防灾减灾——2012年全国环境资源法学研究会（年会）论文集［C］．中国法学会环境资源法学研究会、环境保护部政策法规司：，2012：8.

[5] 唐绍均．生产者责任延伸制度研究［D］．重庆：重庆大学，2007.

[6] 彭绪庶．转轨期再生资源管理基本制度构建［J］．生态经济，2016，(04)．

[7] 李花蕾．循环经济视角下生产者责任延伸制度研究［D］．昆明：

昆明理工大学，2011.
[8] 冯之浚等. 循环经济立法研究——中国循环经济高端论坛［M］//孙佑海. 循环经济立法的基本问题［J］. 北京：人民出版社，2006：28.
[9] 张芳. EPR 政策与中国实践——以包装废弃物为例［R］. 北京：中国社会科学院数量经济与技术经济研究所，2014 年.
[10] 彭玉兰. 废弃物的环境责任界定与治理机制研究［D］. 中南大学，2011.
[11] 梁慧星. 民商法论丛（第 30 卷）［M］//辜恩臻. 延伸生产者责任（EPR）制度的法律分析［J］. 北京：法律出版社，2004：616.
[12] 齐建国，陈新力，张芳. 论生态文明建设下的生产者责任延伸［J］. 经济纵横，2016，(12).

7. 生态文明建设下生产者责任延伸制度的政策体系建设

7.1 生产者责任延伸制度的政策体系现状

政策与法律两者之间的关系伴随着社会的发展而不断演变，现代社会的政策与法律呈现相互渗透、相互配合、功能日渐趋同的发展趋势。政策对法律具有指导作用，是法律制定和修订的基础（申进忠，2006）。生产者责任延伸制度的建立过程，实质上就是国家将有关政策体系、目标、手段以及调控范围、对象等以法律规范的形式固定下来的过程。生产者责任延伸制度的政策体系正是为生产者责任延伸立法中不能穷尽的规章制度做出更加细致、全面的规定，用以保障生产者履行其强制性延伸义务的必要条件，也是保障我国生产者责任延伸制度高效运行的重要前提。随着 EPR 政策体系的日臻完善，相关政策必将通过法律形式加以固定化，并进而取得强制实施的效力（申进忠，2006）。

目前正值我国的生产者责任延伸制度建立的初期阶段，无论是生产者还是广大的消费者其环保意识和可持续发展意识还有待加强，在实施生产者责任延伸制度上还缺乏必要的自觉能动性。生产者责任延伸制度的实施是一个系统化、综合化的过程，单靠法律的规范与强制作用难以实现。为此，按照生产者责任延伸制度实施的需要，政府逐渐在废弃物管理、环境税费、激励扶持、绿色国民经济核算制度、绿色采购等方面制定了相应的政策与配套制度，为我国生产者责任延伸制度的顺利实施起到了重要的保障作用。

表 7-1　生产者责任延伸制度主要配套政策

序号	制度名称		制度内容
1	废弃物管制制度	分类管理制度	将固体废弃物分为城市生活垃圾、一般工业固体废物和危险固体废物三大类，实行分别管理，区别对待的管理措施
		名录管理制度	进口废物管理目录、清洁生产技术、工艺、设备和产品导向目录、鼓励、限制和淘汰的技术、工艺、设备、材料和产品名录、强制回收的产品和包装物目录、限制生产销售的一次性产品名录等等
		环境信息公开制度	《环境信息公开办法（试行）》
		废弃物回收制度	体现在《旧水泥纸袋回收办法》《废电池污染防治技术政策》《报废汽车回收管理办法》《再生资源回收管理办法》《废弃电器电子产品回收处理管理条例》《电动汽车动力蓄电池回收利用技术政策》等法律法规中
2	绿色税收制度		环境保护税、资源税、消费税、城市维护建设税等与生态相关税种，以及税收优惠政策
3	资金运行机制	押金返还制度	目前只在玻璃啤酒瓶领域实施
4		处置基金制度	《废弃电器电子产品处理基金征收使用管理办法》
5	国家环境标志计划与产品环境保护标准制度		《环境标志产品认证管理办法（试行）》
6	绿色国民经济核算制度		正在研究过程中
7	绿色采购制度	政府绿色采购制度	《关于环境标志产品政府采购实施的意见》《环境标志产品政府采购清单》等
8		企业绿色采购制度	《企业绿色采购指南（试行）》

7.1.1　废弃物管制制度

我国固体废弃物管理的主要制度，除了包括环境法中的一般规定外，主要是《固体废物污染环境防治法》中规定的各项制度（周昱，2008)。如分类管理制度、工业固体废物和危险废弃物申报登记制度、排污收费制度、固体废弃物转移管理制度、危险废弃物经营许可证制度、危险废弃物贮存限期制度、进口废物审批制度、危险废物行政代执行制度、危险废物转移报告单制度、危险废物名录、鉴别和识别制度、固体废弃物综合利用制度，以及固体废物污染环境防治技术标准制度、固体废弃物污染环境监测制度、信息公开制度、固体废物污染环境影响评价制度及其防治设施的“三同时”制度等（周昱，2008)。这些制度的建立强化了政府的污染防治力度，对于促进生产者自觉贯彻废弃物处置责任具有良好的制约作用。

7.1.1.1 分类管理制度

我国将固体废弃物分为城市生活垃圾、一般工业固体废物和危险固体废物三大类，实行分别管理，区别对待的管理措施。城市生活垃圾由建设部负责管理，根据《固体废物污染环境防治法》与《城市市容和环境卫生管理条例》等法律、行政法规的相关规定，建设部于 2007 年 4 月 28 日发布《城市生活垃圾管理办法》，2007 年 7 月 1 日起施行。一般工业固体废物与危险固体废物由环保部负责管理，按照《环境保护法》与《固体废物污染环境防治法》的有关规定，环保部于 2001 年 12 月 28 日发布《一般工业固体废物贮存、处置场污染控制标准》（GB 18599－2001)、《危险废物贮存污染控制标准》（GB 18597－2001）和《危险废物填埋污染控制标准》（GB 18598－2001）（2002 年 7 月 1 日实施，于 2013 年修订)，此 3 项标准规定了一般工业固体废物的贮存、处置场的选址、设计、运行管理，危险废物的贮存、处置标准，进一步完善了国家环保标准体系，有效进行了工业固体废物、危险物的污染控制与监测管理。

7.1.1.2 名录管理制度

名录管理制度是国家为鼓励、限制或禁止包括包装物、生产技术、工艺、设备、物质，以及产品等，制定名录进行管理的制度。具体来讲，就是通过政府相关部门制定并公布目录，一是鼓励发展符合资源节约和环境友好的产品和工艺的发展，适当给予优惠政策扶持；二是对于国家限制发展的产品、工艺，或是有毒物质等，则通过相应的法律和制度引导、限制其生产经营范围和数量规模；三是对于国家禁止生产（进口）的产品、材料，列入淘汰范围的技术工艺等，通过法律与政策强制执行，并规定严格的违法处罚措施，以确保其依法淘汰（周昱，2008）。总体上，名录制度是建立市场准入、淘汰落后工艺和产品的法律保障，是促进产业结构调整的有效工具。

现有的环境保护法律中涉及的名录管理制度主要有《固体废物污染环境防治法》中的“强制回收的产品和包装物目录”“禁止进口、限制进口和自动许可进口的固体废物目录”，《清洁生产促进法》中的“清洁生产技术、工艺、设备和产品导向目录”，以及《循环经济促进法》中的“鼓励、限制和淘汰的技术、工艺、设备、材料和产品名录”“有毒有害物质名录”与“一次性消费品名录”等。这些名录制度基本上都在各环保法律中所提及，与相应的环保立法相结合，作为生产者责任延伸立法的配套制度，为生产者更好地履行延伸责任起到了积极的作用。

（1）进口废物管理目录。

为规范固体废物进口管理，国家环境保护部、商务部、发展改革委、海关总署、质检总局于2009年公布《禁止进口固体废物目录》《限制进口类可用作原料的固体废物目录》和《自动许可进口类可用作原料的固体废物目录》，2014年进行了完善和修订。

（2）清洁生产技术、工艺、设备和产品导向目录。

为引导企业采用先进的清洁生产工艺和技术，国家经贸委组织编制并于2000年2月15日发布了第一批《国家重点行业清洁生产技术导向目录》（国经贸资源〔2000〕137号），2002年3月27日发布第二批目录（〔2003〕21号），2006年11月27日发布第三批（〔2006〕86号）。

（3）鼓励、限制和淘汰的技术、工艺、设备、材料和产品名录。

对于“鼓励、限制和淘汰的技术、工艺、设备、材料和产品名录”的设置与建设方面。国务院于2015年发布了《产业结构调整指导目录（2011年本）》（后根据实际需要经多次调整，最新版于2016年2月25

日修订）。该目录由鼓励类、限制类和淘汰类目录组成，按照产业结构调整需要，明确鼓励、限制和淘汰相关产业、产品、生产工艺、技术、装备等目录，共涉及20多个行业，鼓励类、限制类与淘汰类分别有539条、190条、399条（周贺，2005）。该目录是《促进产业结构调整暂行规定》（国发〔2005〕40号）文件的配套文件。

国土资源部为促进矿产资源节约与矿业资源发展方式转变，于2014年12月26日发布《矿产资源节约与综合利用鼓励、限制和淘汰技术目录（修订稿）》。

另外，一些地方省市按照自身经济发展与产业结构调整的需要也制订了相应的工艺、技术与产品目录。如，青岛市为贯彻落实国务院《促进产业结构调整暂行规定》于2006年公布“工业产品鼓励类、限制类、淘汰类项目目录”。江苏省为适应国家宏观调控要求，引导社会资源导向，于2005年同时发布了工商业“鼓励发展的重点技术、产品导向目录”和“限制和淘汰的生产能力、工艺及产品目录”。

（4）其他目录。

“强制回收的产品和包装物目录”与“限制生产销售的一次性产品名录”尚未出台。

7.1.1.3 环境信息公开制度

为推进国家相关主管部门与企业公开环境信息，国家环保总局于2007年4月11日发布《环境信息公开办法（试行）》，自2008年5月1日起实行。该办法中的“环境信息”包括政府环境信息与企业环境信息，即政府环保部门在履行环保职责过程中获取的信息，企业在生产经营活动过程中记录、保存的环境影响与环境行为信息。办法中对政府环境信息公开的范围、方式、程序，企业环境信息公开的内容，以及环境信息公开的监督和责任做了较详尽的规定（李爱年，2010）。

企业环境信息公开主要分为自愿公开与强制公开两部分。办法中第十九条就企业自愿公开的环境信息范围做了规定，其中包括企业年度资源消耗总量、企业排放污染物种类、数、浓度和去向，以及企业生产过程中产生废弃物的处理、处置情况，废弃产品的回收与利用情况等。这些均是企业履行生产者延伸责任的范畴。对于企业生产过程中的污染物排放是否超标不在企业公布范围内，但是企业的污染排放物一旦超过国家或地方排放标准，或污染物排放总量超过地方相关部门核定的总量控制指标，企业将被政府按照其环境信息公开职责定期公开发布于众，企业将被定期发布于“污染超标企业名单”（李爱年，2010）。根据该办法第二十条规定，这些企业将要被强行公开排放污染物的名称、排放方式、排放浓度、总量，以及超标、超总量情况，企业环保设施的建设与运行情况等等。该条规定是在《固体废物污染环境防治法》中第五十三条中有关“产生危险废物单位须向……部门申报危险废物的种类、产生量、流向、贮存、处置等有关资料”规定上拓展至更为广泛的排污超标企业。

《环境信息公开办法（试行）》中所规定的企业环境信息公开、环保部门的环境信息核查等与《固体废物污染环境防治法》中关于固体废弃物产生的单位信息公开、登记申报，以及主管部门的环境监测等；《环境信息公开办法（试行）》所规定的企业污染物超标的须强制性公开污染物排放情况与《清洁生产促进法》中关于企业污染物排放超过国家或地方标准的应当实施强制性清洁生产审核，并将审核结果报相关部门，并在主要媒体公布，接受公众监督等。生产者责任延伸制度的履行和落实，很大程度上依赖于生产者在产品生命周期各个环节上环境影响情况信息的公开，只有接受了政府环保部门与广大消费者的监督与支持，生产者才能更好地履行其延伸责任。

7.1.1.4 *废弃物回收制度与静脉产业发展*

一直以来，我国废弃物回收一般遵循着由“消费者——流动回收商——大回收商——多级分拣商——末端回收商——处理企业（二手市场）——再生资源——产品——消费者”这样一个过程（尹云，2016）。生产者责任延伸制度是对生产者做出的要求其承担包括废弃物回收、利用与无害化处置的法律规范。使废弃物回收路线转变为“消费者——销售者——生产者（专业回收企业）——拆解处理企业——再生资源——产品——消费者”。

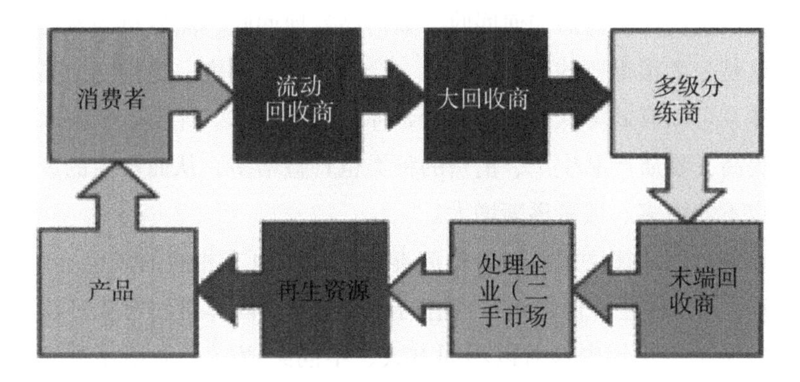

图7－1 传统废弃物回收流程示意图

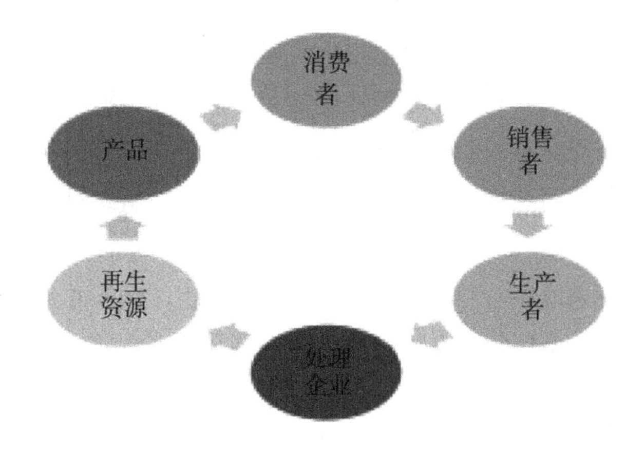

图7－2 生产者责任延伸制度下废弃物回收流程示意图

制度实施以来，社会各界都寄希望于各生产企业，能够严格履行相应的回收责任，对废弃物加以循环利用，提高资源的综合利用效率，减少原生资源开采，保护生态环境。废弃物的回收再利用在促进企业提高资源利用效率的同时，可以大大节约企业成本。然而，却很少有企业将产品回收作为增加企业核心价值的活动，绝大多数企业消极地对待产品回收（周杰，2016；Guide V. D，2003）。因此，为了进一步促进生产者对于回收责任的承担，必须在回收利用制度方面加强建设。

（1）废弃物回收制度建设。

废弃物的回收是生产者延伸责任的重要组成部分。产品生产、销售出去，消费使用废弃后如何回收，如何高效地回收，然后再谈及循环利用，这是一个很重要的环节。科学、合理地回收制度，建构畅通高效地回收体系可以有效降低生产者履行延伸责任的成本。伴随着科技水平的日渐提高，物质产品生产、消费的种类也日益增多，从而产生的废弃物种类也不断增多、数量逐渐增大。

在现行的法律法规中对各类废弃物的回收也有相应的规定。《环境保护法》《循环经济促进法》《清洁生产法》《固体废物污染环境防治法》等基础性法规中针对以不同方式、不同渠道（产品使用废弃后的废弃物、产品生产过程中的排放物）产生的不同种类的废弃物（例如，（列入强制回收名录的产品、包装物、农用薄膜等一般固体废弃物，生活垃圾，以及生产和服务过程中产生的废物、余热、余压等）均提出了要进行合理的回收和利用的原则性规定和要求。并根据废弃物的差异特征明确了部分废弃物的回收责任主体，如对生活垃圾的回收利用，应由地方政府有关部门统筹规划，合理安排收购网点，组织对生活垃圾的分类处置和回收利用；对于农用薄膜的回收利用，要求使用农用薄膜的单位和个人自行采取回收利用措施；对于企业在生产和服务过程中产生的废弃物、余热、余压等应自行回收，进行综合利用或转让给其他企业或个人利用。《循环经济促进法》中特别提出国家鼓励和推进废物回收体系建设，并推荐了废物回收方式。以上法规中对各类废弃物的回收利用工作只是提出了原则上的规定和要求，对于具体的回收利用方式、回收体系建设等问题，因为不同种类废物具有各自不同的资源价值与特征，不便于做统一的要求和规范。

在一些以特定产品废弃物的回收和管理的专项性立法中对废弃物的回收利用做了较详尽的规定。《旧水泥纸袋回收办法》中确立了生产者（水泥厂）对其产品的包装物（废旧水泥袋）回收责任，回收形式可以是企业自行回收，也可以委托纸袋收购单位负责回收；并对水泥袋的回收比例做出了明确的数量要求；在水泥袋回收过程中构建了押金——退款制度；《废电池污染防治技术政策》中指出回收对象为充电电池和扣式电池，由制造商、进口商、使用商，或委托其他生产商承担回收责任；各责任主体可由销售渠道指导、组织建立废电池的回收系统，或者委托有关的回收系统有效回收，2016年修订后的法规中对于回收体系建设突出了现代信息技术的运用；明确消费者在废电池回收中应承担返还责任；《废旧家电及电子产品回收处理管理条例》中提出废旧家电回收处理实行多元化回收和集中处理；建立废旧家电回收处理专项资金；《报废汽车回收管理办法》就报废汽车回收业的管理原则，回收企业的资格认证，以及回收过程与要求进行了较详细的规定；《汽车产品回收利用技术政策》提出政府要构建汽车报废材料的分类收集、再生资源回收加工与利用体系；建立完善的相关法律体系、政策体系、技术体系与激励约束机制与回收利用测评体系；《再生资源回收管理办法》中规定再生资源回收可采取上门回收、流动回收与固定地点回收等，结合电话、互联网等信息工具实现多元化回收方式，同时对各地区的再生资源回收网点规划与建设进行了规定；《废弃电器电子产品回收处理管理条例》指出废弃电器电子产品实行多渠道回收与集中处理制度，应建立废弃电器电子产品处理基金制度。以上专项立法中针对不同产品领域废弃物的回收对象、回收责任主体、回收途径与方式、回收标准、回收政策等，对于废弃物的回收工作，生产者延伸责任的履行起到了积极的推进作用。

在回收方式上，《2015年循环经济推进计划》指出要积极探索、创新回收模式，探索“互联网+回收”的模式及路径，采取利用互联网、大数据、物联网等现代技术手段，开展信息采集数据分析、流向监测，优化网点布局，实现“线上”回收、“线下”物流的融合，搭建科学高效的逆向物流体系，推动企业自动化、精细化分拣技术装备升级（商务部、发展改革委，2015）。为推进“互联网+绿色生态”工作的落实，国家发改委于2016年1月发布“‘互联网+’绿色生态三年行动实施方案”，充分发挥互联网在企业逆向物流回收体系中的平台作用。目前，已有部分互联网企业加入电子废弃物回收处理行业，实现了互联网线上回收，线下物流与处置的废弃物回收的科学化、智能化管理。如中国绿箱子行动－E环365公共服务平台、四川长虹格润再生资源有限责任公司建立的 O2O 回收网络等；还有一些专门的互联网回收网站，如爱回收、回购网、乐回收、回收宝、易机网、绿淘网等；另外还有一些知名企业自建的网络回收平台，如联想的“乐疯收”、格林美的“回收哥”App、百度的“百度回收站绿色服务联盟”等。

目前，世界上对废弃物回收和管理的模式主要有以下三种：

一是生产者自行回收处理方式，即生产者负责对自己产品废弃后的废弃物进行回收处理（A. J. Spicer 、M. R. Johnson ，2004）。这就要求生产者构建一个逆向的物流回收体系，将分布在世界各地的产品废弃物由消费者终端逆向回收至企业。这是一个初期的最原始的，也是最普遍的废弃物回收方式，产品市场越大，逆向回收的成本也就越大，再加上各企业对废弃物的回收处理标准不一致，容易导致生产者之间的不公平竞争（王帅，2010）。

二是行业联盟回收处理方式，指行业内的多个生产者自愿结成联盟，共同负责废弃物的回收处理工作。

三是第三方企业回收处理方式，指生产者委托第三方负责对产品废弃物进行回收处理。这种方式对市场化、社会化程度要求较高，也是最优效率的一种。通常是在政府的监管下第三方回收企业依法建立，如我国目前对报废汽车回收企业、废弃电器电子产品处理企业等均实行资格认定制度。这种模式是最合理、最高效的。欧洲的米莱克公司承担着世界上多家公司的电子产品废弃物的回收处理工作，是一个运营较成功的第三方回收处理企业。

（2）静脉产业发展。

废弃物被回收、利用形成二次资源，然后用二次资源来生产再生资源的产业称为静脉产业。发达国家中德国、日本以发展静脉产业为主要的实践方式，通过静脉产业的运作尽可能地把传统经济发展中的“资源 - 产品 - 废弃物”的线性经济模式转变为“资源 - 产品 - 再生资源”闭环式经济发展模式（王帅，2010），真正实现了循环经济的发展模式，最大限度地提高资源利用效率，减少原生自然资源的开采。一方面解决了废弃物的环境污染问题，同时解决了资源短缺问题（魏葳，

2003）。静脉产业的快速健康发展对生产者责任延伸制度的实施乃至循环经济的良好发展具有重要的意义。

静脉产业的实践形式是建立静脉产业类工业园区。我国国家环保总局于2006年8月发布《静脉产业类生态工业园区标准（试行）》（HJ/T275－2006），2006年9月1日起实施。该标准对静脉产业类生态工业园区分别在经济发展、资源循环与利用、污染控制和园区管理等四方面验收的基本条件和指标做出了明确规定。该标准的发布与实施标志着我国静脉产业发展正式启动。近年来我国在静脉产业园区建设方面做了很多探索与实践工作。环保部等部委联合推进建设国家静脉类生态工业示范园区，在国家循环经济试点工作中建立再生资源加工利用基地、启动大型再生资源回收利用基地建设、开展城市矿产示范基地建设等（郭凡礼，2016）。

7.1.2 绿色税收制度

税收是国家基于行政权力和法律规定，以实现公共财政职能为目的的向居民和非居民就其财产或特定行为实施的强制性、无偿性和固定性金钱或实物课征，是国家最主要的一种财政收入形式。国家通过税收调节社会生产、交换、分配与消费，促进经济社会健康发展。按照《国际税收辞汇》（第二版）中的定义，绿色税收，又称“环境税收”，指对投资于防治污染或环境保护的纳税人给予的税收减免，或对污染行业和污染物的使用所征收的税。也可以说，绿色税收是为保护环境、合理开发和利用自然资源，以推进生产和消费的绿色化为目的而建立开征的绿色税收制度。从概念内涵来看，绿色税收一方面包括为保护环境而征收的税种，另一方面还包括为保护环境、节约资源而实施的各种税收优惠政策。

7.1.2.1 西方发达国家绿色税收制度演变与发展

自20世纪70年代以来，伴随着西方发达国家严重的环境危机，环境保护工作引起人类的极大重视，同时也掀起了绿色税收制度改革的热潮。1973年欧共体（European Communities）公布了世界首个环境领域的行动规则，1975年提出建议将环境税列入成本，实施“污染者负担”

原则。20 世纪 80 年代，世界经济合作与发展组织（OECD）发表了第一份利用经济手段保护环境的报告。此后，特别是 20 世纪 90 年代初期以来，经合组织成员国在环境政策中运用包括环境税在内的经济手段上得到了很大发展，环境税的运用得到越来越广泛的支持，并获得良好的成效（王月华，2007）。如英国于 1972 年率先开征了二氧化碳税；为达到减排目标，于 2007 年出台了世界首部《气候变化法案》，从法律上规定了二氧化碳的减排目标，同时税务部门分别就燃油税、生物燃料税，以及车辆消费税等进行了政策上的调整。为处理、减少垃圾，芬兰设立了垃圾税，并逐渐调整增加了税收额度；另外德国对矿物油料加征了生态税；爱尔兰、意大利对自然降解能力较小的塑料袋征税等。

概括起来，西方国家的绿色税收制度主要包括以下三个方面：

第一，资源税，指为以减少原生资源的开采，促进自然资源的高效利用，根据自然资源不可再生的稀缺程度而差价征收的生态税种（张春光，2003）。

第二，污染税，是为保护自然生态环境，减少经济社会发展过程中的环境污染，降低环境与生态退化程度（张春光，2003），实现清洁生产，规范绿色环保的生活与消费行为，特别对资源与环境的破坏、污染行为征收的环境污染税种。

第三，绿色税收优惠减免政策，是为激励企业投资采用能够节约能源、减少污染的设备、生产工艺等而实行的税收减免及补贴政策。

具体实践中，国外绿色税收制度呈现以能源税为主体，税收种类多样化趋势；征收的税负重点由工资“收入征税”逐渐转向对环境有副作用的消费和生产行为征税；国外环保工作显著成效的取得，是税收手段和其他环境经济政策协调配合实施的结果。

7.1.2.2 我国绿色税收制度建设与实践

与西方发达国家相比，我国的绿色税收建设与实施相对起步较晚、标准较低。基于目前我国无论是生产者还是消费者，其环保意识依然比较薄弱，所以政府制定采用经济调节政策来保证生产者责任延伸制度的实施具有重要的促进作用。尤其对于生产者来说影响更为明显，政府制定的政策在很大程度上影响着生产者的经营策略（林晖，2010）。

（1）环境保护税的建立与税费改革。

环境保护税，也称为生态税、绿色税，指把企业生产经营过程中造成的环境污染和生态破坏的社会成本内化到企业的生产成本和市场价格中去，使得外部成本内部化，然后在通过市场机制来分配环境资源的一种经济手段。早在20世纪70年代，一些发达国家就将环境税引入了税收制度，作为环境保护的重要措施，起到了积极作用。目前，环境税在发达国家已经成为一种常用税种，依据“谁污染，谁付费”的原则，主要涉及大气、水资源、城市环境、生活环境等方面（孙瑞灼，2012），主要征收的税收种类包括二氧化硫税、大气污染税、水污染税、噪声税、固体废物税和垃圾处理税等。环境税的征收一方面可以用来弥补污染治理的费用；同时税费必然加重了污染企业的成本负担，迫使其重新评估企业的资源配置效率（丁丽娜，2011），不得不选择环境影响较小的原材料与生产工艺，间接影响企业经济决策和行为，促使生产者承担延伸责任。

从2008年开始，国家税务总局、环保部就开始联合进行环境税的研究工作。在2014年修订后的《环境保护法》中提出“依照法律规定征收环境保护税的，不再征收排污费”。2016年“十三五”规划提出开征环境保护税，环保税法草案提请全国人大常委会审议、表决后正式通过，并将于2018年1月1日开始实施。环保税，由此成为我国落实税收法定原则后的第十八个税种，我国第一部“绿色税法”（李丽辉，2017）。

一直以来，针对影响环境的重点污染情况，我国选择在大气、水、固体与噪声等四个领域的污染物施行排污收费制度。通过收费这一经济手段，促使企业承担延伸责，减少污染物排放，对我国环境污染防治起到了重要的作用。然而，排污收费制度实施过程中存在者诸如执法刚性不足、地方干预过多等问题，影响了该制度功能的有效发挥。环保税的建立，实现了排污收费制度向环境保护税制度的平稳转换，可形成有效的约束和激励机制，强化执法刚性，减少地方干预，激励企业改进生产工艺，实施清洁生产，减少污染物排放，切实承担起延伸责任。环境保护税的纳税人即为原来的排污收费缴纳人，环保税的税目根据现行排污收费项目进行设置，计税依据也根据现行的排污费计算办法来设置，税额标准以现行排污收费标准为基础予以设置，将部分排污费收费标准，作为环保税税额下限，基本体现为排污收费到环保税的平移。对于主动采取措施，减少污染物排放，积极承担生产者延伸责任的企业，将给予税收减免优惠。环保税的建立为今后其他税种立法树立了标杆和示范（李丽辉，2017）。在我国生产者责任延伸制度的实施过程中，一方面要逐渐建立新的税种，另一方面也要逐步完善税收制度。

（2）与生态相关的税种。

我国现行的税收制度中，可列入环境税制的除以上新建立的环境保护税，还有资源税、消费税、城市维护建设税、车船税使用税、城镇土地使用税、耕地占用税等。其中消费税、资源税与城市维护建设税在制度设计目标与资源节约、环境保护成效作为契合。

①资源税。

资源税是以各种应税自然资源为课税对象，为了调节因开采条件差异而造成的资源级差收益，同时体现国有资源有偿使用权而征收的一种税（王玉洁，2012）。从资源税内涵上讲，资源税主要包含两方面含义，一是对所有开采者开采的应税资源都应缴纳资源税，其中开采中等、优等资源的纳税人还应多缴纳一部分资源税（赵蕾，2012），即对因资源条件差异而取得的级差收益征税；二是在自然资源属于国家所有的基础上，对获得资源使用权的单位和个人而征收的一般资源税（黄丽，2010）。具体税率，如表 7－2 所示。

表 7－2　资源税税目税率表

税目		税率
一、原油		销售额的 5% ~10%
二、天然气		销售额的 5% ~10%
三、煤炭	焦炭	8 元 ~20 元/吨
	其他煤炭	0.3 元 ~5 元/吨

续表

税目		税率
四、其他非金属矿原矿	普通非金属矿原矿	0.5 元~20 元/吨或立方米
	贵重非金属矿原矿	0.5 元~20 元/千克或克拉
五、黑色金属矿原矿		2 元~30 元/吨
六、有色金属矿原矿	稀土矿	0.4 元~30 元/吨
	其他有色金属矿原矿	0.4 元~60/吨
七、盐	固体盐	10 元~60 元/吨
	液体盐	2 元~10 元/吨

资料来源：国家税务总局。

2016 年 5 月，财国家政部和税务总局联合发布《关于全面推进资源税改革的通知》，宣布自 2016 年 7 月 1 日起将全面推进资源税改革，全面实施清费立税，从价计征改革，建立规范科学、调控合理的资源税收管理制度，充分发挥促进资源节约、环境保护的作用。此次改革新增了铁矿、金矿、海盐等 21 个新的税目（如表 7-3 所示），同时在河北省率先开展水资源费该税试点，森林、操场、滩涂等资源也将逐步纳入征收范围。

表 7-3　资源税税目税率幅度表

序号	税目		征税对象	税率幅度
1	金属矿	铁矿	精矿	1%~6%
2		金矿	金锭	1%~4%
3		铜矿	精矿	2%~8%
4		铝土矿	原矿	3%~9%
5		铅锌矿	精矿	2%~6%
6		镍矿	精矿	2%~6%
7		锡矿	精矿	2%~6%
8		未列举名称的其他金属矿产品	原矿或精矿	税率不超过 20%

续表

序号	税目		征税对象	税率幅度
9	非金属矿	石墨	精矿	3% ~10%
10		硅藻土	精矿	1% ~6%
11		高岭土	原矿	1% ~6%
12		萤石	精矿	1% ~6%
13		石灰石	原矿	1% ~6%
14		硫铁矿	精矿	1% ~6%
15		磷矿	原矿	3% ~8%
16		氯化钾	精矿	3% ~8%
17		硫酸钾	精矿	6% ~12%
18		井矿盐	氯化钠初级产品	1% ~6%
19		湖盐	氯化钠初级产品	1% ~6%
20		提取地下卤水晒制的盐	氯化钠初级产品	3% ~15%
21		煤层（成）气	原矿	3% ~22%
22		黏土、砂石	原矿	每吨或立方米0.1元~5元
23		未列举名称的其他金属矿产品	原矿或精矿	从量税率每吨或立方米不超过30元；从价税率不超过20%
24	海盐		氯化钠初级产品	1% ~5%

②消费税。

消费税是对在我国境内生产、委托加工、零售和进口的应税消费品的单位和个人征收的一种流转税，是对特定的消费品和消费行为在特定的环节征收的一种典型的间接税（黄丽，2010）。旨在根据国家宏观产业政策和消费政策，引导消费方向，抑制部分特殊消费，总体上调节消费结构（黄丽，2010）。我国现行的消费税中与资源环境相关的有10类能源、资源产品，以及其他13类消费能源、资源的产品。具体产品及税率，如表7－4所示。

表 7－4 消费税中与环境相关的税种

税目	税率
一、成品油	
1. 汽油	
(1) 含铅汽油	1.52 元/升
(2) 无铅汽油	1.52 元/升
2. 柴油	1.20 元/升
3. 航空煤油	1.20 元/升
4. 石脑油	1.52 元/升
5. 溶剂油	1.52 元/升
6. 润滑油	1.52 元/升
7. 燃料油	1.20 元/升
二、摩托车	
1. 气缸容量（排气量，下同）在 250 毫升（含 250 毫升）以下的	3%
2. 气缸容量在 250 毫升以上的	10%
三、小汽车	
1. 乘用车	
(1) 气缸容量（排气量，下同）在 1.0 升（含 1.0 升）以下的	1%
(2) 气缸容量在 1.0 升以上至 1.5 升（含 1.5 升）的	3%
(3) 气缸容量在 1.5 升以上至 2.0 升（含 2.0 升）的	5%
(4) 气缸容量在 2.0 升以上至 2.5 升（含 2.5 升）的	9%
(5) 气缸容量在 2.5 升以上至 3.0 升（含 3.0 升）的	12%
(6) 气缸容量在 3.0 升以上至 4.0 升（含 4.0 升）的	25%
(7) 气缸容量在 4.0 升以上的	40%
2. 中轻型商用客车	5%
四、木制一次性筷子	5%
五、实木地板	5%
六、铅蓄电池	4%
无汞原电池、金属氢化物镍蓄电池、锂原电池、锂离子蓄电池、太阳能电池、燃料电池和全钒液流电池	免征

资料来源：国家税务总局。

在上述产品中，汽油、柴油、燃料油等属于能源产品，而摩托车、小汽车、木制一次性筷子、铅蓄电池等为直接消耗能源、资源的互补性产品。对这些产品征收消费税，一定程度上可以有效抑制消费者对此类产品的消费，减缓消费增长。

③城市维护建设税。

城市维护建设税，简称城建税，是我国为了加强城市的维护建设，扩大和稳定城市建设资金来源而征收的一种地方税种（赵蕾，2012）。该税的征收对象是缴纳消费税、增值税、营业税的单位或个人，因此，城建税本质上属于一种附加税。所征收的税款主要用于城市公用事业和公共基础设施的建设和维护（如表7－5所示）。

表7－5　城市维护建设税款所用范围

<table>
<tr><th colspan="2">城市公用事业</th><th>城市公共基础设施</th></tr>
<tr><td>（1）环境卫生、安全事业</td><td>垃圾清除、污水处理、防洪、消防等</td><td>（1）城市污水处理系统</td></tr>
<tr><td>（2）交通运输事业</td><td>主要指公共旅客运输，如地铁、电车、公共汽车、出租汽车，以及停车场、索道、道路、桥梁等</td><td>（2）城市垃圾（粪便）处理系统</td></tr>
<tr><td>（3）自来水、电力</td><td>煤气、热力、自来水的生产、分配和供应</td><td rowspan="2">（3）城市道路、桥梁、港口、市政设施抢险维修、城市广场、城市路灯、路标路牌、城市防空设施、城市绿化、城市风景名胜区、城市公园等</td></tr>
<tr><td>（4）其他公共日常服务</td><td>文化娱乐场所、体育场所、公园、邮政通讯、房屋修缮、火葬场、墓地等</td></tr>
</table>

按照纳税人所处区域的不同，其对城市设施的利用程度的不同，所缴纳的税率也分别设立（如表7－6所示）。其中，建制镇即“设镇”，是指经省、自治区、直辖市人民政府批准设立的镇（陈静霜，2013）。

表7－6 城市维护建设税税率表

序号	纳税人所在地	税率
1	城市市区	7%
2	县城、建制镇	5%
3	不在城市市区、县城、建制镇的	1%

资料来源：国家税务总局。

城建税收为集中处理城市垃圾、集中供热等城市公用事业和基础设施建设开辟了具有法定依据的、相对稳定的资金来源。随着城市环境问题的日益严重，城建基金被大量用于改善大气和水环境，及城市环境质量，城建税为解决城市环境污染的负外部性与环境保护的正外部性问题提供了稳定的资金来源，对于促进我国城市健康良好发展，解决企业之间、企业与居民之间的环境公平具有重要的意义。

（3）税收优惠政策的运用。

我国现行法律法规中也充分体现了在生产者责任延伸制度中税收制度的灵活运用。例如，《清洁生产促进法》中第七条指出，国务院应制定有利于实施清洁生产的财政税收政策；第三十三条规定对于依法利用废物和从废物中回收原料生产产品的，可按规定享受税收优惠政策。《循环经济促进法》中第四十四条规定对促进循环经济发展的产业活动给予税收优惠，对“企业使用或者生产列入国家清洁生产、资源综合利用等鼓励名录的技术、工艺、设备或者产品的，按照国家有关规定享受税收优惠”。《国家鼓励的资源综合利用认定管理办法》（2006年修订）规定“经认定的生产资源综合利用产品或采用资源综合利用工艺和技术的企业，按国家有关规定申请享受税收、运行等优惠政策。”《企业所得税法》（2007年主席令第六十三号）中也体现了对企业生产经营过程中采取资源节约、清洁生产等环保行为给予的优惠政策，其中第二十七条规定，对于企业因从事符合条件的环境保护、节能节水项目的所得收入，可以按照政策减免所得税；第三十四条指出，企业用于环境保护、节能节水、安全生产等有利于资源节约、清洁生产的专用设备购置的投资额，可以按比例实行税额抵免。

7.1.3 资金运行机制

Lindhqvist（1992）认为生产者责任延伸制度的实施通常采用管理类制度、经济类制度和信息类制度实现（如表6－1所示）。生产者对于废弃物的回收与处置利用等延伸责任承担的资金提供机制则取决于特定的政策制度和产品特征。一般情况下，生产者可以通过纳税、自己直接投资操作、向政府或其委托的第三方机构付费等多种方式来履行其产品报废后的处理责任。消费者也可以通过以在购买商品时支付押金的方式辅助生产者完成其延伸责任。事实上，在所有的生产者责任延伸制度实施过程中，无论是生产者付费、纳税、自行出资处理或者是消费者支付押金等任何方式，最终承担经济责任的都是消费者。因为生产者最终会将成本转移至产品的价格中去。至于消费者什么时候，以什么方式付费，取决于政策设计的资金收取机制。一般情况，按照生产者和消费者承担责任的时间先后，可以分为两种基本的资金收取机制有预先收费体系和后付费体系，处置基金的操作形式有押金返还制度和基金制度。

7.1.3.1 发达国家的资金运行机制

（1）押金返还制度。

押金返还制度，指对于某些具有潜在污染，且具有回收再利用价值的产品，消费者在购买产品时，产品价格中已经附加上了押金（保证金），待消费者使用完毕后将废弃产品（或产品包装）交还销售者后，返还押金（保证金）的一种制度。押金制度事实上构建了一个废弃物的收集与回收系统，通过货币激励消费者主动返还废弃物，避免了高污染、高利用价值废弃物的随意丢弃造成环境污染，提高了资源利用效率。根据制度的来源与废弃物性质不同押金制度又分为市场机制下的市场型押金制度和根据法律形成的强制押金制度两种。市场型的押金制度主要依据市场经济原理，针对具有高回收利用价值的废弃物，由生产厂商自行设立的押金制度，制度实施的目标是促进废弃物的重复使用，以降低成本。强制性押金制则是针对具有较低回收利用价值或无价值的废弃物，但是具有较大环境影响的废弃物，为保证其回收目标的实现，由法律规定的押金制度。

常规的废弃包装物中，玻璃啤酒瓶的回收利用属于典型的市场型押金制度实施案例。一般来讲，玻璃啤酒瓶的制造成本相对较高，回收利用后可以大大降低成本，提高经济效益，为此啤酒厂家普遍实行了押金制（齐建国，2016）。相反，对于一些饮料包装物（易拉罐、利乐包等）废弃量大，且回收分拣成本较高，而利用价值低，对于此类废弃物采用市场化的押金机制则达不到预期目标，所以一般通过实施生产者责任延伸制度，采取强制性的押金制度，赋予生产者建立回收系统的义务。目前，美国十个州、大多数加拿大省份和许多欧洲国家都颁布了饮料容器押金法律。例如，美国一些州推行的“退瓶费”，实际是一种强制押金制，即由州法律来设立及运营的制度。退瓶费保证金从下游开始做起；针对某种特定大小容积的瓶向消费者收取一定的费用，这个费用就是保证金。当消费者退还容器时，他们拿回保证金；通常罐装商或批发商都是通过零售商向消费者收取保证金，零售商付退款金额之后也必须将先前卖出的瓶子取回。批发商拿回瓶子之后进行回收使用，同时将押金退还零售商（齐建国，2016）。目前，在发达国家押金制在电池和一些危险废物的回收中也开始实施。

押金制度确保了使用废弃后的产品（包装物）的回收，将产品回收的成本转移给了消费者，降低了回收处置过程中的基金需求。但是押金并不能解决回收以后废弃物的处置费用问题，该项费用需要通过基金的方式来解决。

（2）基金制度。

基金制属于预付费制度。指由政府向生产者征收废弃产品处理基金，由政府或政府委托的生产者组织对基金进行管理，向对报废产品进行回收、分类拆解、再利用和再资源化的企业支付一定补贴。每一单位产品需要交纳的基金数量根据产品的性质、生态设计程度、报废后回收与处置的成本等来确定。实际上，消费者责任制的后付费制度也属于基金制的范畴。不同的是，消费者是向政府委托的废旧产品回收与处置机构直接支付费用。无论是生产者支付报废产品处置基金，还是消费者支付处置费，都是资金与产品的物质实体同向流动，实物脱离谁的控制，资金从谁的手中离开，最终到达报废产品处置者手中（齐建国，2016）。

押金返还制度与基金制度比较，如表7-7所示（张芳，2014）。

表7-7　基金制与押金制比较

	基金制	押金制
相关主体	生产厂家、PRO	零售商、消费者
监管对象数据	材料使用量、对象商品比例	对象商品销售量、押金金额、回收数量、保证金金额
付费方式	按产品使用量（重量或数量）计算费用	按销售数量征收，按回收数量返还
回收动因	没有诱导动因，消费者或回收者不具有回收主动性	出于经济动机，消费者或回收者主动回收
回收程序	采用分类回收方式	消费者直接交付到回收点
再资源化	监管指定，防止违法低价处理	市场交易

7.1.3.2　我国资金制度的建设与实践

事实上押金制度在我国的实践也有很多年了，特别是玻璃啤酒瓶等饮料瓶的回收上。但是目前在该制度的实施上却面临很多现实困境。对于电池、电器、电子设备，以及有毒害的化学产品等也还没有实施押金回收制度。

为促进废弃电器电子产品的回收处理国家设立了“废弃电器电子产品处理基金”作为政府性基金。为规范该基金的征收使用管理，财政部、环境保护部、国家发展改革委、工业和信息化部、海关总署和国家税务总局于2012年5月21日印发《废弃电器电子产品处理基金征收使用管理办法》（财综〔2012〕34号）。办法规定，电器电子产品的生产者、进口产品的收货人或代理人应履行基金缴纳义务，对基金征收对象、范围按照《废弃电器电子产品处理目录》执行，并对基金征收的时间、标准、征收责任部门，以及基金的使用管理、监督管理和法律责任等进行了详细规定。

2012 年发布第一批共计 43 家废弃电器电子产品处理基金补贴企业名单，2013 年 2 月、2013 年 12 月、2014 年 6 月相继发布了第二批、第三批、第四批补贴企业名单。2013 年 12 月财政部又公布了《关于完善废弃电器电子产品处理基金等政策的通知》（财综〔2013〕110 号）明确了基金补贴企业推出规定，将已建成的优质处理企业纳入基金补贴范围，调整完善各省、市、区废弃电器电子产品处理发展规划，要求全面公开废弃电器电子产品处理信息。2015 年 11 月财政部会同环保部、发改委、工信部发布《废弃电器电子产品处理基金补贴标准》，对电视机、微型计算机、洗衣机、电冰箱与空气调节器等五类电器电子产品调整后的处理基金补贴标准予以公布。

2016 年 3 月 1 日起，手机、打印机、热水器、监视器、复印机、传真机等 9 大类别产品被纳入新《废弃电器电子产品处理目录》，纳入基金补贴的产品由 5 种扩充到 14 种。截至 2015 年年底，我国就已经有 109 家企业进入了废弃电器电子产品处理基金补贴企业名单。各类废弃电器电子产品年许可处理能力达到 1.5 亿台，实际处理的废气电器电子产品已达到 7500 万台左右，2015 年共征收处置基金 27.15 亿元，拨付使用 53.97 亿元（李幼玲，2016）。

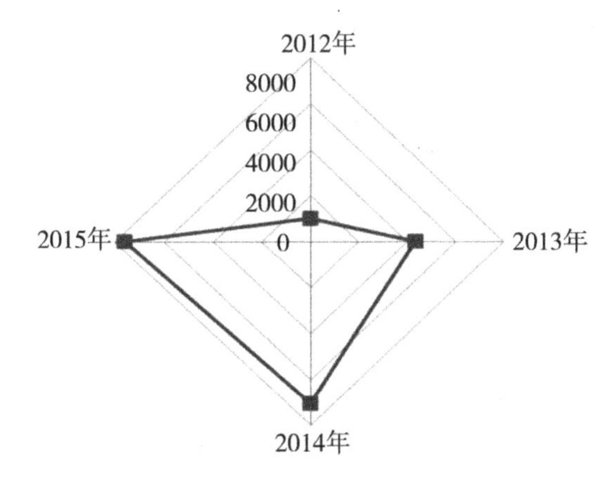

图 7－3　2012—2015 年“四机一脑”拆解处理量

《废弃电器电子产品处理基金征收使用管理办法》实施以来，在一定程度上有效遏制了非正规渠道无序野蛮处理状况，使小作坊等非规范拆解行为日趋减少，正规企业处理份额逐渐扩大；同时培养了一批设备先进、环保责任意识强、对行业发展贡献较大的集团企业；形成了国内较为先进、可行的固体废弃物回收处理的模式，为电器电子产品领域逐步建立、实施生产者延伸责任制探索出了可行性方案（余寒，2015）。

7.1.4 绿色国民经济核算制度

经济发展与资源环境，已成为现代发展观的核心因子，经济增长必须连带环境保护（李金华，2009）。单纯的 GDP 核算指标已不能准确反映一国的经济发展水平，资源的消耗、污染物的排放等经济发展对资源环境的影响必须纳入考核体系（李金华，2009）。绿色国民经济核算，即绿色 GDP 核算，概念由联合国统计署、联合国环境规划署与世界银行在 1993 年合作出版的《综合环境经济核算手册》中首次提出，主要包括资源核算和环境核算，是在原有的国民经济核算体系的基础上，将资源环境因素纳入其中，把资源耗减成本、环境退化成本、生态破坏成本以及污染治理成本从 GDP 总值中扣除，用以弥补传统 GDP 核算未能衡量自然资源消耗和生态环境破坏的缺陷。比如法国的自然资产账户、美国关于环境防御支出数据的编辑，联合国综合环境与经济核算体系（SEEA）等即属于此类（赵鲜，2012）。2014 年 3 月，首个环境经济核算体系的国际统计标准——《2012 年环境经济核算体系：中心框架》（SEEA2012）正式发布。

我国的绿色 GDP 研究工作始于 2004 年，国家统计局和原国家环保总局联合开展绿色 GDP 核算的研究工作。分别将土地、森林、矿产和水资源等列为首批参与实物量核算的 4 种资源（刘东凯，2004），首先在海南省、重庆市分别开展了森林资源核算和工业污染、谁污染核算试点，2005 年又将试点范围扩展至北京、天津、河北、辽宁等十个省、市，进行环境污染经济损失调查试点工作。

2006 年 9 月国家统计局和原国家环保总局联合发布了《中国绿色国民经济核算研究报告 2004》，这是我国首次发布绿色 GDP 核算报告，之后各年度的报告因为有关部门对于是否要公开绿色 GDP，以及在公开的内容和方式上存在分歧，再加上部分地方政府和官员的质疑而流产。该报告表明，2004 年全国因环境污染造成的经济损失为 5118 亿元，占当年 GDP 的 3.05%；事实上，这是狭义的绿色 GDP 核算，只是“经环境污染损失调整后的绿色 GDP”（朱启贵，2011），完整的核算办法应将资源耗减成本、环境退化成本、生态破坏成本均考虑在内。因此，在以后的各年度报告显示中，2008 年的环境退化成本为 8947.6 亿元；到 2009 年，环境退化成本和生态破坏损失成本合计 13916.2 亿元，较上年增加 9.2%，约占当年 GDP 的 3.8%；而到了 2010 年，全国环境退化和生态破坏成本合计 15513.8 亿元，约占当年 GDP 的 3.5%。这些数据足以说明我国目前的经济发展方式对资源环境造成的严重影响。2015 年 3 月环境保护部曾对外宣布建立绿色 GDP2.0 核算体系的研究计划，拟联合各相关部门和研究机构，就我国绿色 GDP 核算框架体系、技术规范、政策应用体系等方面进行研究，选择不同地区开展试点工作。

另外，在我国《循环经济促进法》中已经就循环经济主要评价指标和考核制度做出了相应规定，如第十三条规定了循环经济发展指标包括“主要污染物排放、建设用地和用水总量控制指标”，第十四条第二款规定上级人民政府要根据循环经济主要评价指标对下级政府发展循环经济的情况进行定期考核，并将主要评价指标完成情况作为对地方人民政府及其负责人考核评价的内容。

7.1.5 国家环境标志计划与产品环境保护标准制度

为鼓励在欧洲地区生产、消费“绿色产品”，从而推动生产者在产品设计、生产、销售，以及消费者在使用、废弃等过程中尽量降低产品对环境带来的危害，欧盟于 1992 年出台了“生态标签”体系。

与此同时，为开拓我国企业绿色发展模式，引领消费者绿色消费习惯，我国借鉴欧美等国家发起的“生态标签”运动，于 1993 年 3 月发布了《关于在我国开展环境标志工作的通知》。1994 年 5 月国家环保总局批准颁布了“首批 7 类环境标志产品技术要求”。1994 年 7 月中国环境标志产品认证委员会发布《环境标志产品认证管理办法（试行)》。

通过环境标志产品认证的产品可在产品或包装上贴有“环境标志”的标签，以表明该产品不仅质量合格，而且在生产、使用和处理处置过程中符合特定的环境标准和环境保护要求，具有资源节约、环境友好等特征。

“产品技术要求”称谓于2009年正式更名为中国国家环境保护标准(HJ)。国家环境保护标准，指政府对产品、服务等的环境性能做出的基本要求，并对各项指标及检测方法进行了明确规定。截至目前，环保部共批准颁布了98项（2016年批准家具行业和空气净化器）环境标志标准，涉及建材、纺织品、汽车、印刷、日化永平等行业，已有4000多家企业，20多万种型号的产品通过了环境标志认证。

表7－8　部分环境标志产品技术要求

序号	标准名称	编号	发布日期
1	环境标志产品技术要求 家具	HJ 2547－2016	2016年12月24日
2	环境标志产品技术要求 空气净化器	HJ 2544－2016	2016年11月14日
3	环境标志产品技术要求 电子白板	HJ 2545－2016	2016年11月14日
4	环境标志产品技术要求 纺织产品	HJ 2546－2016	2016年11月14日
5	环境标志产品技术要求 胶粘剂	HJ 2541－2016	2016年10月17日
6	环境标志产品技术要求 胶印油墨	HJ 2542－2016	2016年10月17日
7	环境标志产品技术要求 干式电力变压器	HJ 2543－2016	2016年10月17日

资料来源：环境保护部网站。

7.1.6　绿色采购制度

绿色采购是指在采购的过程中优先选择购买资源节约型、环境友好型的产品和服务，以尽量减少原始资源的开采，保护环境。绿色采购一方面可以有力促进环保产业的快速发展，另一方面也有利于培育绿色消费市场的形成，更是促进循环经济闭合系统的关键环节之一。绿色采购一般分为政府绿色采购、企业绿色采购和消费者绿色采购。目前政府和企业的绿色采购为主。

7.1.6.1 政府绿色采购制度

政府绿色采购制度，是指在政府作为国家的代表，采购过程中，应该着意选择那些符合国家绿色认证标准的、可再生的、环境友好型产品和服务（张瑛，2006）。政府是市场上的重要消费者，基于政府特殊的代表国家身份，其消费行为直接影响社会各界的消费导向。政府作为环境保护的倡导者与监管者，不仅要强化自身的节能减排管理，转变自身的绿色消费模式，更要要求产品的供应商、生产商履行生产者延伸责任，加强企业关于原材料选择、温室气体排放、能源使用等方面的管理，最终实现节能降耗、资源减量开采、污染物排放减少与降低成本等目标，促进循环经济发展。

世界经济合作与发展组织在 1996 年通过改善政府在环境绩效的建议中就明确指出各国政府应该建立并执行“采购对环境友好的产品和服务”的政策（郄建荣，2005）。1997 年 2 月在瑞士召开了国际绿色公共采购会议之后，各国政府纷纷出台推动绿色采购的法律和命令，积极推动本国政府的绿色采购计划（王秀臣，2004；郄建荣，2005）。譬如，日本出台的《绿色政府运作法案》明确规定了政府绿色采购原则和具体实施的实践表，《绿色购买法》则规定政府通过优先采购资源再生产品来引导和支持企业的环境保护行为。美国环保局公布了政府采购的若干指导原则，指出政府机关要优先购买各类再生产品和环境资源友好产品，并要求在采购产品和服务时关注温室气体排放与减排措施，美国各州政府相继出台了刺激绿色采购的具体措施。德国也对政府的采购提出了“产品要具有耐久性、可修性、容易被处理”以及“禁止浪费、禁止采购次级品质的产品”等原则性规定。英国政府采购要求供应商测量和报告碳减排量，以发现政府采购供应链中最能降低能耗的环节。各发达国家分别通过立法或制定绿色采购指导原则、采购指南、清单或实施强制性采购等方式逐步建立形成了政府绿色采购制度体系。在当前全球气候和资源环境问题日益突出，政府采购规模不断增长的形势下，绿色采购作为政策手段引导社会消费模式转变的政策手段职能日渐清晰（王洁，2013）。

1. A020101 计算机设备及软件……………………………………………1
   (1) A02010103 服务器……………………………………………………1
   (2) A02010104 台式计算机……………………………………………165
   (3) A02010105 便携式计算机…………………………………………3259
   (4) A02010107 平板式微型计算机……………………………………3939
   (5) A02010199 其他计算机设备………………………………………3940
2. A020106 输入输出设备…………………………………………………3941
   (1) A02010601 打印设备………………………………………………3941
      ① A0201060102 激光打印机……………………………………3941
      ② A0201060104 针式打印机……………………………………3955
   (2) A02010604 显示设备………………………………………………4095
      ① A0201060401 液晶显示器……………………………………4095
   (3) A02010609 图形图像输入设备……………………………………4244
      ① A0201090601 扫描仪……………………………………………4244
3. A020204 多功能一体机…………………………………………………4247
4. A020305 乘用车(轿车)…………………………………………………4272

图 7－4　第十八期环境标志产品政府采购清单目录截图

资料来源：中国政府采购网。

与西方发达国家相比，我国的政府绿色采购制度研究与建设起步相对较晚（王洁，2013）。2003 年 1 月 1 日我国正式实施《政府采购法》，其中第九条指出“政府采购应当优先采购高科技和环境保护产品，促进环保企业的发展，保证经济的可持续发展”。2004 年我国开始探索建立政府绿色采购制度。2006 年财政部、国家环保总局联合发布了《关于环境标志产品政府采购实施的意见》和《环境标志产品政府采购清单》，文件上明确要求政府采购要优先选择具有环境标志的产品（严雨平，2007)。2007 年又发布了调整后的《采购清单》(2016 年 6 月发布的第十八期环境标志产品政府采购清单目录截图，如图 7－4 所示)。

近年来，财政部分别会同国家发展改革委、环保总局先后建立了节能产品、环境标志产品政府优先采购制度。2007 年正式建立了政府强制采购节能产品制度，初步建立了绿色采购的制度框架。2013 年财政部对《政府采购品目分类目录（试用)》进行了修订。另外，在《循环经济促进法》《清洁生产促进法》《固体废物污染环境防治法》等法规中均对政府绿色采购进行了初步的规定。如《循环经济促进法》第四十七条规定："国家实行有利于循环经济发展的政府采购政策。使用财政性资金进行采购的，应当优先采购节能、节水、节材和有利于保护环境的产品及再生产品。"政府绿色采购制度的制定与实施对社会节能减排风尚的形成与绿色消费的引导起到了良好的引导作用。

7.1.6.2　企业绿色采购制度

企业绿色采购，指企业在采购原材料、零部件产品过程中着重选择那些符合国家绿色认证标准的、环境友好型的原材料与半成品，以最大限度地减少原始材料的采集，降低生产过程中污染物的排放，保护环境。建立健全企业绿色采购制度能够有效激励和引导企业尽量选择对环境影响较小的原材料。

随着资源和环境问题的日益突出，为从源头上引导企业对绿色产品的生产与采购，西方发达国家和地区逐渐制定了一系列的法律规范，引导企业开展绿色采购，进而推动整条供应链的绿色化。德国和日本等发达国家从 1991 年就通过立法规定和限制企业采购中关于产品包装物的要求；欧盟分别于 2003 年、2004 年出台《化学品注册、评估和限制制度》(朱庆华，2009）和《关于在电子电器设备中禁止使用某些有害物质指令》(王文峰，2009)，法规中均要求采购的产品中不含有害物质，从而对供应商的产品进行绿色规制。美国、日本，及欧盟等发达国家和地区的企业积极开展绿色采购，企业与供应商之间建立了良好的沟通协调机制，积极开展供应商的评估与合作，有效促进了政府的节能减排计划（朱庆华，2012)。

为推动我国企业绿色采购，参考发达国家制度建设与实践经验，国家也相继推出了一系列的法规与措施标准（朱庆华，2009）。《清洁生产促进法》（2002 年）和《循环经济促进法》（2008 年）分别从宏观上对企业的绿色采购进行了原则性规定。《电子信息产品污染控制管理办法》（2006 年）中对电子产品及其包装物中使用有害物质进行了限制；2010 年，我国首部《限制商品过度包装要求——食品和化妆品》国家标准正式实施；此后多部基础性法规或针对行业领域的专项法规中均对产品与包装物中含有毒、有害物质进行了限制（朱庆华，2009）。2014 年 12 月 22 日商务部、环境保护部和工业和信息化部印发《企业绿色采购指南（试行）》，指南中规定企业绿色采购是指企业在采购活动中“充分考虑环境保护、资源节约、安全健康、循环低碳和回收促进，优先采购和使用节能、节水、节材等有利于环境保护的原材料、产品和服务的行为”。对企业绿色采购原则，采购原材料、产品与服务的具体要求，供应商的选择等方面做出了明确规定，并强调了政府引导与行业规范的责任要求。

中国物流与采购联合会对我国 2014 年度企业绿色采购情况的调研报告中指出，2014 年我国企业中只有 38. 34% 的企业形成了绿色、可持续发展理念。国有企业中只有 18. 18% 形成绿色、可持续发展理念，私营企业最少，相对来讲，中外合资或外资企业在绿色采购方面做得最好。企业绿色采购在各个环节中的现状如图 7 – 5 所示，2014 年共有 60% 多的企业已将绿色采购指标具体数量化，而 58. 81% 的企业在选择供应商时并没有将绿色采购与采购的可持续发展考虑在内；由近 50% 的企业在购买产品和服务时被重点指出更愿意采购绿色产品；然而 5. 52% 的企业在进行采购时对供应商提供的产品是否绿色并没有特别要求。这些数据足以说明，现阶段我国企业绿色采购理念还有待普及，绿色采购行为有待规范和推进，绿色采购制度有待于进一步完善（中国物流与采购联合会，2015）。

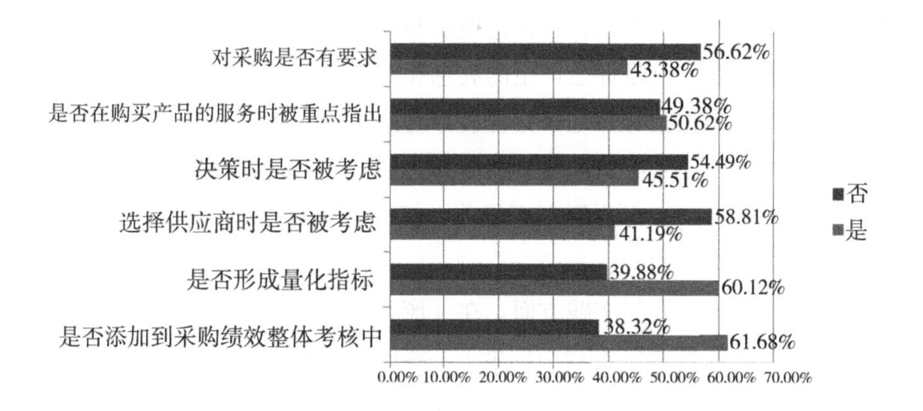

图 7－5　企业绿色采购在各个环节中的现状

7.2　生产者责任延伸制度政策体系存在的问题

上述生产者责任延伸制度的各项配套政策与制度在实践中有力地促进了生产者延伸责任的承担与制度的顺利实施。然而，伴随着我国废弃产品问题的日渐严重与生产者责任延伸制度实践的逐步深入，废弃产品的回收体系、环境押金制度、政府的绿色采购制度、强制回收目录等配套制度在目标设置、内容设计、标准规范等方面逐渐暴露出许多不足与诸多问题，这些问题已经造成我国生产者责任延伸制度可操作性差的问题，从而影响生产者责任延伸制度在我国的有效实施。

7.2.1　环境资金运行制度不健全

相对于西方发达国家较完善的在废弃物回收与处置基金制度体系方面，我国的资金运行机制建设尚处于起步阶段。

对于消费者的押金返还制度虽然在我国已有多年的实践，我国目前对环境押金制度也做出了一些规定，但是制度覆盖的产品范围还仅局限于饮料瓶，这些单一的产品种类。对于电子电器设备、电池，以及有毒害的化学产品等方面并未做出明确规定。而且，目前押金制度在具体实践中面临许多问题：首先，在押金返还制度执行过程中，产品销售商与回收系统的收益仅仅是押金产生的利息和因未按规定返还废弃物而被没收的押金，这些收益并不足以弥补废弃物回收、储存、运输及管理等过程中的成本支出；其次，回收来的废弃物加工利用成本较高，再生资源行业不景气；最后，行业管理不规范，部分企业未按规定执行该制度，导致制度执行难度加大。

在基金制度建设与实践方面。在《废弃电器电子产品处理基金征收使用管理办法》的实施过程中催生了一些问题，如部分企业在废弃物拆解过程中不严格遵守操作规程、技术规范和环保要求，甚至出现造假行为；部分企业盲目追求规模，扩大产能，抬高产品回收价格；补贴标准没有根据实际及时调整导致回收产品结构失衡（表7-9为2012年《管理办法》中规定的五类产品基金征收和补贴情况）；基金发放审核程序复杂、周期长，导致企业需颠覆大量流动资金，同时税负高也成为制约瓶颈；基金政策引导废弃电器电子产品处理行业过快发展导致基金收缴额不足以支付拆解补贴，基金出现赤字①；由于废弃物的回收系统与处置系统不能够有效衔接，导致处置基金可能较多地投入在废弃物回收环节，而对于废弃物拆解之后副产物的管理较弱，基金真正补充环境成本的比例较低（吴金森，2015）。

表7-9 基金征收使用管理办法中征收及补贴方案

产品种类	征收（元/台）	补贴（元/台）
电视机	13	85
电冰箱	12	80
洗衣机	7	35
房间家用空调	7	35
微型计算机	10	85

① 内容引自十二届全国人大农业和农村委员会委员、中国再生资源回收利用协会会长蒋省三对2015年11月财政部联合环保部、国家发展和改革委员会、工信部发布的《废弃电器电子产品处理基金补贴标准》的解读。余寒，新版废弃电器处理基金补贴标准出炉 基金动态调整防企业造假，经济观察报，2015年11月28日。

目前纳入废弃电器电子产品处理基金名录的电子产品仅有 14 类，相对于概念宽泛，产品种类众多的电子废弃物，纳入基金制度规范处理的产品仅占一小部分。欧盟废弃电器电子产品目录总体包括六个大类、百种小类的产品。在我国，处于目录之外的工业源电子废物、大型电器电子设备、中小型电器电子产品，以及相关产品在维修、拆解过程产生的一些具有较高资源价值的零部件、元器件，其产生、转移和处理情况尚不清楚（凌江，2016）。而广东贵屿作为传统的电子废弃物处置基地，伴随着“四机一脑”等目录内产品拆解量的日渐萎缩，废弃物非正规处理活动却转向了目录外的高值产品、零部件和元器件的处理。为此，基金处置产品目录调整亟须与时俱进。

7.2.2 产品名录制度有待完善

《固体废物污染环境防治法》《循环经济促进法》中涉及的“强制回收的产品和包装物目录”“ 限制生产销售的一次性产品名录”与目前仍在研究中，“有毒有害物质名录”未在相关政府部门的官方文件中提及，具体的产品和包装物目录仍未出台。

“清洁生产技术、工艺、设备和产品导向目录”只对国家重点行业的清洁生产技术目录做出规定，且最新的目录更新于 2006 年，后续 10 余年的相关调整不及时。目录中对于清洁生产的相关设备与产品的目录尚未出台。

生产者责任延伸制度作为具有一定强制性的法律规范，“强制回收的产品和包装物目录”等名录是其强制执行的责任对象。相关名录制度的缺失与不健全，对于相关企业延伸责任承担的法律监督和责任追究就缺乏执行依据，直接削弱了生产者责任延伸制度的法律效力，影响了制度的实施（钟宏昆，2013）。2016 年 12 月 25 日国务院办公厅发布的《生产者责任延伸制度推行方案》中指出，强制回收的产品和包装物名录及管理办法将于 2018 年完成（国务院，2016）。

7.2.3 回收体系建设待强化

回收责任是生产者责任延伸制度中生产之需要承担的最重要的延伸

责任之一，也是对废弃产品进行循环利用与无害化处置的基本前提。我国现行的《环境保护法》《循环经济促进法》《清洁生产法》《固体废物污染环境防治法》等基础性法规中对各类废弃物的回收工作也提出了原则上的规定和要求。在《旧水泥纸袋回收办法》《废电池污染防治技术政策》《废旧家电及电子产品回收处理管理条例》《报废汽车回收管理办法》与《再生资源回收管理办法》等以特定产品废弃物的回收和管理的专项性立法中针对不同产品领域废弃物的回收对象、回收责任主体、回收途径与方式、回收标准、回收政策等做了较详尽的规定。然而，总体来看，我国废弃物的回收制度建设仍在初期的责任主体界定、回收标准、方式等最基础性的标准与规范建设时期，处于制度建设的起步阶段。

与发达国家和地区的完备、规范的回收网络体系相比，我国目前的废弃物回收体系仍然比较落后，多以散落在民间的回收站点、回收网络，以及遍布在城乡各地的旧货交易市场和废旧纸张、金属与塑料等材料的二手回收市场为主导力量，这些民间的回收站点大多缺乏专业的回收技术检测和回收标准，不具备规范化的管理和相关的市场监督，更没有循环利用产业链的形成与我国要形成的系统化、专业化、规范化的废弃物回收体系的目标还有很大差距。以电子废弃物的回收为例，目前国内对于电子废弃物的回收体系并不健全，除珠海格力电器股份有限公司、四川长虹格润再生资源有限责任公司等实力较强的家电制造商依托其原材料生产环节，具有一定的回收网络，格林美股份有限公司与中国再生资源开发有限公司等大型企业拥有自建回收渠道自行回收废气产品外，对大多数企业来讲，基本均由小商贩进行回收，回收的电子废弃物有80%以上来自于个体商贩，且回收价格不稳定，甚至出现虚高的现象（吴金森，2015）。

7.2.4　信息公开机制不健全

生产者对于产品环境信息的披露与公开是推行生产者责任延伸制度的一个重要环节。生产者、销售者、政府等将相关的信息公开，社会公众才能选择绿色的、有益身体健康的产品和服务，才能对生产者履行环境保护的延伸责任承担、政府环境保护的监管进行有效的监督，才能进一步就公民应享有的良好生态环境予以维权。反之，信息不公开，政府监管弱化，生产者责任延伸制度的实施很难深入进行。发达国家的实践经验表明，生产者责任延伸制度的实施是一项需要各责任主体通力协作的系统工程，既然是协作必然要求彼此之间增加信息透明程度。

目前，我国已经颁布了《环境信息公开办法（试行）》，办法中对政府信息公开与企业信息公开均做了相关规定，但重要的是法律规范的落实和执行。目前我国已经开展了对城市环境质量的公布，但是如何对废弃产品（包装物）的回收利用情况，及生产过程中的能源消耗、重点污染物产生与排放等清洁生产情况进行公布，《清洁生产促进法》中只是提出了要将其（在主要媒体等）进行公布，但是如何公布，媒体级别、类别等均没有具体规定，因此，亟须制定信息披露的实施细则，以确保信息披露对生产者责任延伸制度实施的促进作用。

7.2.5　政府监管调控缺位

长期以来，在我国的环境保护管理工作中，对政府的行政权力过于重视，对其应当履行的环境监管责任却相对忽视（钟宏昆，2013）。在《循环经济促进法》《清洁生产促进法》等法规中的法律责任规定中，通常偏重于生产者等责任主体的责任追究与处罚规定，对于政府主管部门对于环境监管责任的问责表述却相对模糊，如相关部门未按本法规定履行职责的“对直接负责的主管人员和其他责任人员依法给予处分”（《清洁生产促进法》第三十五条），但是对于具体处罚的实施细则却未做具体规定。如此，将最终致使政府相关部门在履行环境监管职能时可能存在消极怠工、不尽职尽责的问题。再有甚者，在实践中部分政府部门工作人员，在环境监管工作中可能存在弄虚作假、权力寻租等问题（钟宏昆，2013）；或者相关负责人在决策过程中因决策失误、失职等情况造成严重生态环境污染事故等问题。针对如上存在的问题，目前法规中还没有相应的责任追究机制。

7.2.6 绿色国民经济核算制度有待落实

我国政府官员的政绩考核机制曾一度是围绕GDP展开的，而目前我国的经济核算制度，与我国当前实施的生态文明发展战略目标，两者并不统一。按照现行《统计法》的规定，法定主体进行经济核算时，并未要求计算环境和资源的价值因素，这种核算办法已经实际造成了总量的虚增，不仅不能准确地反映出社会成本和效益，还将有可能导致产生失误的经济决策（钟宏昆，2013；杨汝琦，2011）。目前，我国对于绿色国民经济核算已经进入了研究与实践探索阶段。2006年开始各年度都按照绿色国民经济核算标准对我国的绿色国民经济增长与损失情况进行了实验性的核算，只是基于各种原因未将研究报告公布。2004年以来的核算结果表明，我国因环境污染、环境退化、生态破坏造成的经济损失的实际值与所占比例基本呈逐年增长态势，足以显现我国目前的经济发展对自然生态造成的严重影响。绿色国民经济核算体系有待进一步完善框架体系、其技术规范等实施细则，尽快进入实施阶段。

7.2.7 绿色采购制度有待完善

目前我国的政府绿色采购产品种类较少，所占比例相对较低，现行的制度措施在实际操作中还面临许多困难和障碍。总体上我国政府绿色采购制度仍然处于起步阶段，制度体系还很不健全，主要表现在：一是绿色采购制度覆盖面偏小，目前主要体现在节能环保产品强制采购和优先采购政策上，工程和服务类项目采购涉及较少；二是对能否列入节能环保产品清单主要依据对末端产品功能的界定，对其本身生产过程是否节能或环保的评估特别是延伸到供应链环节的应用不够；三是绿色采购制度尚未形成完整的框架体系，需要完善制度设计，强化执行效果①。

---

① 内容引自2012年11月8日财政部与中国国际绿色创新技术产品展会主办方联合举办的政府绿色采购论坛，财政部国库司（政府采购管理办公室）主任王瑛会议发言。

7.2.8 绿色税收制度有待完善

目前，我国已基本形成了以环境保护税为主体的，综合利用环境税费等经济手段，调控自然资源开发与利用和环境保护的绿色税收制度的雏形。为促进我国资源的合理利用、减少环境污染与破坏起到了关键性作用。但是，由于各税种在制度设计时对资源环境因素考虑不太充分，导致在具体实施时存在不少问题亟待解决。相对于国外较完善的绿色税收制度，我国现行税制中主要存在以下一些问题。

第一，针对环境污染、资源节约的税种少。目前独立税种只有环境保护税一种，其他的资源税、消费税、城市维护建设税等只是与资源环境相关的税种。总体上，只是形成了绿色税收制度的基本框架，各税种在课税范围、税额设置等方面距离应有的对于生态环保的调控效果还有差距，且各税种之间自成体系，相对独立，相互之间不具衔接和协调性。

（1）消费税征税范围相对较窄。我国现行消费税征税范围中与自然资源、生态环境相关的产品有成品油、摩托车、小汽车、实木地板、木质一次性筷子、铅蓄电池等共计 6 大类 23 种产品。但是对于相当部分的消耗量大、环境影响范围广或者高耗能的塑料袋、一次性电脑耗材等产品，特别是对于我国消费量巨大的、对大气污染控制有较大影响的煤炭消费，还没有纳入征税范围，并没有起到引导消费者的绿色消费，生产者生产绿色产品践行延伸责任的目的。

（2）资源税单位税额相对较低，各层级之间差别太小，对资源利用的调节成效不显著。资源税的改革新增了铁矿、金矿与海盐等 21 个新的税目，决定开展水资源费改税试点工作，即将森林、滩涂等非矿产品、可再生资源也纳入征税范围。但是对于现行税目征收的单位税额相对偏低，且层级差别太小，只是部分地反映了资源的级差收入，再加上资源税征税范围和规模均较小，总体上资源税对于能源、资源的生产利用的抑制和调节作用不大。

（3）再生资源产业增值税收存在缺陷。再生资源产业对于废弃物回收处置具有较强的引导作用。目前我国再生资源产业的实际税负远远超过了其他行业的平均税收，同时由于各地区增值税地方留成比例不一致，导致了各地再生资源企业实际税负不一致，直接导致行业内企业之间无法实现公平竞争（彭绪庶，2016）。

第二，我国现行税制中针对环境保护、资源节约的绿色税收优惠政策有待完善。目前税收制度中体现的“绿色”优惠政策方式主要局限于“减税”和“免税”，相对欠缺运用加速折旧，以及投资退税或延期纳税等间接优惠方式；在优惠税种上主要体现在企业所得税和其他一些小税种上；在税收政策优惠对象适用范围上，对于企业绿色技术创新支持，以及绿色环保产业发展方面的优惠相对不足。

再生资源产业实际税负远超过其他行业平均税负，由于各省份增值税地方留成返还比例不一致，导致各地企业实际税负不一致，无法实现公平竞争，税收政策存在缺陷。

第三，环境保护税制度中存在的问题。排污收费制度成功实现费改税，转变为环境保护税制度，将有利于解决排污收费制度在执法过程中的刚性不足、地方政府和部门干预等问题。然而，其税目种类、计税依据和标准等均在排污收费制度的基础上设置，仍然存在一些潜在的问题。环境保护税，仍然沿用排污收费依据与基本标准，是一种超标排污收费，只有当排污者排放的污染物超过国家标准时（李爱年，2010），才征收环境保护税，而对于等于或低于相关排放标准的污染物排放行为并不用缴纳环保税。如此，便降低了在标准以下排污者进行污染减排的动力，以及进一步进行污染控制技术创新的动力；同时，也将反向激励其对污染排放浓度稀释与污染物替代行为。

7.3 以生态文明理念完善生产者责任延伸制度政策体系

生产者责任制度是生态文明理念在经济社会领域的具体贯彻落实途径之一，而生产者责任延伸制的政策体系则是确保生态文明理念的要求在 EPR 制度实施过程中得以切实体现的制度保障。现行生产者责任延伸政策体系存在诸多不足，须以生态文明理念为指导，分别从固体废弃物的管制制度、多元回收体系的构筑和阶段化物流回收体系建设制度、政府的激励引导制度与制度实施的监管制度等多个方面来完善我国的生产者责任延伸制度的政策体系，如图 7 – 6 所示。

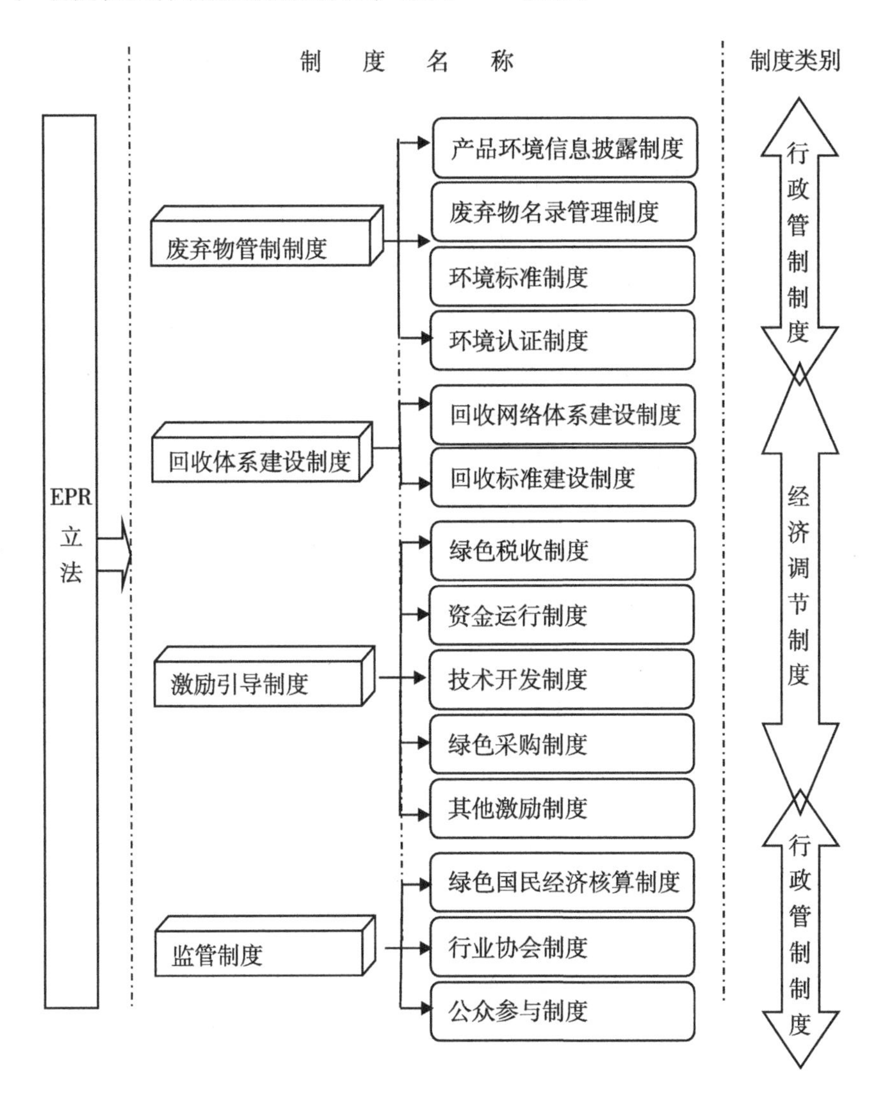

图 7 – 6　EPR 配套制度体系

7.3.1 健全固体废弃物的管制制度

按照生产者责任延伸制度实践的需要，固体废弃物管理多个配套政策得以建立与实施，部分政策措施在实施过程中逐渐暴露了或多或少的问题，结合国外的实践经验，还需要在生产者的源头预防责任、产品环境信息披露责任、废弃物名录管理制度、环境信息公开等方面的制度建设方面加以完善。

7.3.1.1 生产者的源头预防和产品环境信息披露制度

（1）生产者的源头预防责任制度。

目前对于生产者在产品设计、原材料选购与生产工艺选取过程中的源头预防责任的落实并没有明确的制度要求。通常的做法是，通过要求生产者对废弃产品的回收、利用与处置责任的承担，生产者将会基于废弃物处置成本的考虑，从而主动地承担源头预防责任。在我国现行法规中，也制订了相应的“清洁生产技术、工艺、设备和产品导向目录”“鼓励、限制和淘汰的技术、工艺、设备、材料和产品名录”，以及正在建设中的“强制回收的产品和包装物目录”，限制了一些具有潜在污染的原材料、生产工艺与产品的使用与生产。同时，设立了“中国国家环境保护标准”制度，对部分产品的环境性能做了基本要求，制订“政府绿色采购目录”引导整个社会的绿色消费导向，激励生产者履行生产者延伸责任。

为此，生产者源头预防责任的落实，有赖于相关的名录制度中产品、工艺及原材料范围的适时扩大与及时更新。同时，对于具有环境技术要求的产品范围也适时扩大，由政府绿色采购引导消费模式逐渐转变为更具普遍范围的强制执行模式。

（2）产品环境信息披露制度。

《环境信息公开办法（试行）》的发布与实施为生产者产品环境信息披露责任的履行提供了制度保障。然而，办法中对于产品环境信息如何公开的实施细则并未做详细规定。完善环境信息披露制度要分别从政府环保监管信息公开与企业产品环境信息公开两个方面来落实。

首先，政府应建立信息公开的专职管理部门，负责定期公布国家废弃物回收利用与处置情况；公布未达到能源消耗控制指标、重点污染物排放超标企业名单，公布实施强制性清洁生产审核企业的审核结果，以接受公众监督；表彰和鼓励严格履行生产者延伸责任的生产者，以在广大消费者中树立良好社会形象。同时政府主管部门应建立区域环境报告和环境审计的社会共识与听证制度，使公民的环境意识与当地的经济发展和环境改善形成良性的互动（李花蕾，2011）。

其次，对于企业产品环境信息披露方面，目前推行的是国家环境标志计划与产品环境保护标准制度。在已颁发产品环境保护标准的产品范围内，相关产品生产企业可自愿向认证机构申请产品环境标志认定，审核通过后就可在其产品或包装物上粘贴一种特定标志，以表明产品的生产、使用，乃至废弃后的整个过程均不会对人体产生危害，且对环境的影响较小，有利于回收再利用。产品环境保护标准制度的施行有效披露了产品的环境信息，同时也强化了产品生产者、销售商与废弃物回收处理企业之间的配合与联系，也便于公众对产品循环利用过程的监督。但是，就目前来看，该制度涉及的产品领域、行业（98 项）仍然较少，正式施行环境标志认证的企业数量（4000 余家）与产品种类相比（20 多万种）也相对较少。为了更广泛地披露产品的环境信息应适时扩大行业范围、企业和产品数量。

最后，生产者对于废弃物回收利用与处置的责任是生产者责任延伸制度中最为关键的责任。因此，生产者对于废弃物的回收利用与处置情况的信息理应纳入企业强制性环境公开义务中。

7.3.1.2 名录管理制度

名录制度对于促进产业结构调整、淘汰落后工艺和产品、鼓励符合资源节约与环境友好型产品和工艺等各方面均起到了举足轻重的作用。但是，就目前来看，总体上我国各个领域的名录管理，在名录制订、发布与更新等各方面的工作都不尽如人意。

涉及产品生产工艺、原材料的名录，如“清洁生产技术、工艺、设备和产品导向目录”，目前只是规定了国家重点行业的“清洁生产技术”目录，且更新止于2006年。伴随着科技的飞速发展，相关生产技术也在处于不断变革之中，“清洁生产技术”目录也应该按照生产技术的创新变革频率（如2~3年）予以更新。同时，应当研究、考察并制订清洁生产设备与产品目录。

对于“强制回收的产品和包装物目录”目前仍没有出台。结合相关专家的研究，主要包括以下几类产品。一是废电池、日光灯管等有毒有害的废旧家电、电子产品；二是含有氟利昂等有危害全球环境物质的废旧冷冻机、冰箱等；三是含有各类汽油、润滑油等不回收将产生危险物质的报废汽车、农用车等；四是含有放射性等危害人体健康物质的医疗废弃物、包装物等；五是由纸张、钢铁、木材、玻璃和塑料等材料制作的常用包装物。

7.3.2 回收利用体系建设制度

生产者责任延伸制度实施的终极目标是要实现对废弃产品的循环利用和无害化处置。但是在对废弃产品进行处置和循环利用的前提是必须先进行回收，把分散在并不确定的、各个区域的废弃产品集中回收起来，这是一个艰巨而重要的任务。从发达国家的实践经验来看，回收体系的健全程度与生产者责任延伸制度的实施效果是相辅相成的。健全的回收网络和回收产业有助于减少生产者延伸责任承担成本，而生产者的延伸责任的承担又能促进回收网络的发展（王蓉，2006）。因此，废弃产品的回收体系建设制度是生产者责任延伸制度实施的基础性制度。

7.3.2.1 加强废弃物回收体系的法律化进程和标准化建设

回收体系的真正建立与生产者废弃物回收责任的真正落实，需要强化废弃物回收体系的法律建设与标准化体系框架的建设。我国现行的各类环境保护与循环经济基础性法规中对各类废弃物的回收利用工作提出了原则性的规定和要求。在一些针对特定产品领域的废弃物回收管理办法中针对不同报废产品的回收对象、责任主体，以及回收方式、回收标准等方面均进行了相应的规定；对从事一些危害性较强或拆解利用技术性较强的报废产品（如电池、汽车等）的回收、处理活动的企业实行资格认证制度，《再生资源回收管理办法》中特别对再生资源回收行业的经营规则、监督管理与罚则等进行了明确规定。但是部分法规中对于承担回收义务的生产者主体界定还不是很清楚；现有的废弃物回收管理办法，如《旧水泥纸袋回收办法》《废电池污染防治技术政策》《废旧家电及电子产品回收处理管理条例》《报废汽车回收管理办法》中对报废产品回收标准进行了规定；但是在废弃物加工利用、再生利用产品等系列标准制定上还有待完善，除特别行业外，一般行业准入门槛界定不太清晰。

由于再生资源的资源属性中含有的物质成分、经济价值，以及环境属性中的环境污染风险等特征存在较大差异，因此，有必要建立废弃物的分类管理标准。现有的法规中，《废纸回收分类及贸易指南》《废钢铁回收分类标准》等拥有相应废弃物的专门的分类标准法规。但总体上，相对于种类繁多的固体废弃物来讲，设定了回收标准的只是很少的一部分，因此，回收标准制度的建设工作任重而道远。

另外，还需在《清洁生产促进法中》中实施的“生产和服务清洁生产审核”制度的基础上，需要加强各个行业的清洁生产绩效的评价体系，废弃物回收、贮存、运输与加工利用过程中污染物排放标准和环境要求的建设，作为企业生产和监督检查的基准。同时，将企业在产品设计与生产过程中的废物再生利用率作为一项重要指标，纳入到企业的经济考核指标中去。

7.3.2.2 加快废弃物多元化回收网络体系建设

在2015年4月国家发改委印发的《2015年循环经济推进计划》中，对废弃产品的社会回收体系建设与回收模式探索等方面进行了指导性规定。在完善社会回收体系方面，要结合《再生资源回收体系建设中长期规划（2015—2020）》，在继续推进国家公共机构废旧商品回收体系建设的基础上，着力推动建立多层次、多渠道、多元化的覆盖城乡的回收体系。（商务部、发展改革委、住房城乡建设部、国管局、环境保护部，2015）。具体实践上，要根据废弃物的种类对回收体系进行科学的规划。对于污染严重、回收成本较高，不宜通过市场化手段来回收的废弃产品，如电池等，应由政府采取强制回收模式；对回收利用价值较高、原始资源成本也较高的废弃产品或包装物，可采取经济调节手段引导企业自行回收等。另外，对于目前混乱的废弃物回收市场，要加强整顿，尽量实现垃圾的分类和处理。可通过行业或环境政策的引导、激励废弃物的回收与处理向着集中化、专业化的方向发展，引导回收体系建立和完善。在国务院《生产者责任延伸制度推行方案》（2016）中提出，2017年年底提出完善废弃电器电子产品回收处理制度的方案；2017年完成修订《报废汽车回收管理办法》，制定铅酸蓄电池回收利用管理办法；2017年开始率先在北京市开展废弃电器电子产品新型回收利用体系建设试点，依托相关行业联盟开展饮料纸基复合包装回收利用联盟试点，率先在上海市建设铅酸蓄电池回收利用体系，探索铅酸蓄电池生产商集中收集和跨区域转运方式；在2018年确定特定品种的国家回收利用目标，加快建立再生产品和原料推广使用制度（国务院，2016）。

在平台运作模式路径探索方面，可将传统的、普遍存在的走街串巷的“收旧客”与“互联网+平台”模式相融合，实行线上线下相结合的经营模式。有专家表示，国内回收行业一直以来存在的这种个体商贩的经营模式的转变将需要一个漫长的过程。这种经营模式与先进的信息技术支持下的“互联网+操作流程”两种不相适宜的状况在短期内依然存在。目前一些互联网企业的线上经营惨淡，正在寻求有较多客户资源的信息平台与之合作，在此现状下，传统行业经营与大数据、物流网、支付平台等新技术支持下的平台操作两种交易方式拥有了融合的可能，而具体的合作则需要政府、相关企业与社会组织认真谋划与思考（李幼玲，2016）。

7.3.2.3　多元化回收模式的建立与静脉产业发展

对于我国现阶段的废弃物回收模式，具体是要采取生产者自行回收模式、生产者联盟回收处理模式还是第三方企业回收模式，笔者认为不能一概而论，应该依据当前世界经济发展背景与我国具体国情，结合地区、行业的不同情况而具体分析。我国历经30余年的工业化发展，以原材料消耗为主的重化工产业支撑的粗放式经济发展已进入了低增长甚至零增长状态，经济结构面临调整与优化时期，当前我国宏观经济总量由快速扩展进入到结构调整优化主导的扩张减速新常态。这一调整与2008年的金融与经济危机所造成的世界经济普遍低迷相重合，导致国际大宗商品及原材料价格急剧下降，使得国内市场的再生资源市场萎靡不振。废旧产品处置和再生资源产业的成本不断上升，使得废弃物产品的处置本身不再具有良好的市场前景。而且，我国现行法规中对生产者对废弃物的回收责任并没有强制性约束，在作用强度相对较弱的经济政策引导下，大部分企业没有动力去投资建设逆向物流系统，自行回收报废产品。有经济能力的大型企业通常将资源投放在了技术研发上。由此，从短期来看，第三方企业回收处理模式运作就显得更有优势。同时，现阶段我国以废弃物为二次资源生产再生资源的静脉产业发展势头良好。因此，我国现阶段对于废弃物回收工作可以采取多个模式同时进行。

首先，对于一般的产品领域可以通过财政、税收等经济政策引导和扶持有能力的企业通过已有的销售仓储网络，构建逆向物流回收体系，对废弃物进行回收和处置。企业自行回收处置废弃物是最为原始的废弃物处置方式，这种方法简单可行，但是由于产品销往全国乃至世界各地，逆向回收成本相对较高，同时各相似产品企业回收处理标准很难一致，且回收的产品数量和类别较单一，没有能力构建回收体系的企业的废弃物将面临责任主体缺失的境地。所以一旦行业内的废弃物回收标准、处置基金制度等配套制度建设较完善时便可在全行业或相似行业内推行生产者责任延伸制度，行业内企业可以联合构建生产者联盟，共同负责联盟内部企业的废弃物处理。这样科技和资金有限的中小企业的废弃物处置问题也可以通过加入生产者联盟得以解决。所以，对于一般产品领域的生产者责任延伸制度的实施需要循序渐进、逐步推进。

其次，对于以生产者联盟等第三方回收处置废弃物运营模式发展成熟的行业，可将全行业的废弃物集中进行再生资源处理，并通过再生资源市场，将二次资源重新进入产品生产环节，从而闭合了“资源—产品—使用—废弃物—资源”等各环节，提高资源的利用效能。即大力发展静脉产业，静脉产业是运用先进的科学技术，将生产和消费过程中产生的废弃物重新转化为资源和产品的产业。目前，我国已在多个行业构建了静脉产业类工业园区。静脉产业回收模式下，一般拥有专业化的回收系统，可将全行业的同类产品的废弃物进行高效的回收；同时，回收系统将在一定区域内合理分布回收网点和回收站，废弃物可采取就近原则被移送至最近站点，所以该模式下的回收的物流成本最低。目前，静脉产业发展下的废弃物回收处理模式是最科学，也是最有效的生产者延伸责任承担方式。

7.3.3 强化政府对延伸责任相关主体和行为的激励引导制度

生产者延伸责任的实现，一方面需要政府依法引导，积极构建多元化的回收网络体系，发展壮大回收、处置行业等；另一方面需要政府对回收、处置企业，对生产者等主体进行有效的监管，以促进生产者履行依法履行延伸责任。

7.3.3.1 绿色税收制度

绿色税收制度，是能够有效促进环境保护、污染防治、资源节约利用，经济社会可持续发展的税收体系。它不是某一个或两个单位的绿色税种，而是一整套系统的税收制度中都能够体现绿色化的目的，在税基、税率，以及纳税人等各税收要素的设计中都能够体现绿色的价值理念。目前，我国已经成功实现排污收费制度的费改税，设立了我国第一个绿色税种——环境保护税，为其他绿色税种的立法奠定了良好的开端。除了建立独立的绿色税种，还要在传统的税种中变革加入绿色环保的内容，进一步完善各项税收优惠措施。

首先，完善现行的税收体系，增加生态环保因素。在资源税方面，适当减少资源税优惠政策；按照资源税的改革要求，逐渐将水资源、森林资源、草场资源、滩涂资源等资源范畴纳入税目；进一步提升现行资源税目的税额标准，加大层级差额。在消费税方面，要扩大征税范围，将环境影响大、高耗能的各类包装物品、一次性使用电池等产品列入征税范围。

其次，完善税收优惠措施。增设税收优惠方式，增加加速折旧、投资退税与延期纳税等间接优惠方式；优惠税种、税目逐渐扩大，特别在与企业绿色技术创新投资，以及环保产业发展相关税种上应实施一定的优惠，以促进相关技术的研发与产业发展；进一步推动资源综合利用行业的税收优惠政策调整与落实，例如，回收利用企业一般无法开具进项税额发票，针对这样的情况，可以设定资源回收利用品增值税扣税凭证，仅作为抵扣增值税进项税额使用（申进忠，2006）。

最后，环境保护税制度，在实现费改税平稳过渡后，适时调整其收费基准，逐渐由“超标”收费转变为“排污”收费，即在应税污染物范围内，只要有排放行为，就需缴纳环保税。可先以个别污染物领域为试点范围，逐渐扩展，以从根本上给污染物排放者施加压力，促使其采用清洁能源、清洁生产方式，为生产过程中的环境污染承担责任。

总体上，绿色税收制度的建设应在税收总体结构调整的基础上，实现从劳动收入征税逐渐转向对经济活动总使用的自然资源与污染行为征税。充分发挥税收的调节作用，促进生产者采取生态化产品设计，采用清洁能源与清洁生产方式，承担延伸责任；使得消费者转变落后的消费方式为绿色消费、生活方式；有利于环保产业的兴起与发展。

7.3.3.2 废弃物处置基金制度

为保证废弃物的回收和处理，有必要建立回收处理基金，或者采用押金制，即废弃物处置与管理基金管理制度。处置基金与押金机制各具特点，适用于不同的条件和产品。

（1）消费者的产品押金激励制度。

针对押金返还制度执行面临的现实问题，建议在以下方面予以完善。首先，基于押金制度执行成本高，收益低的问题，重点应该在经济激励上采取措施。如，按照美国缅因州的做法，执行押金制度的基础上，政府在予以补偿一定的处置费，以激励销售商对废弃物回收工作的积极性。其次，面对再生资源在市场上竞争力较差的问题，可结合《循环经济促进法》等法规规定，对采用再生资源进行产品生产的企业给予适当优惠政策。最后，针对部分企业落实制度要求问题，可对执行该制度的企业实行资格认证制度，将没有资格的企业取消其特定产品销售权等。

同时，对于一些在使用后容易产生严重的环境污染的产品，如电池、电器、电子设备，以及有毒害的包装物、化学产品等，应尽快实施押金回收制度。

（2）生产者的处置基金制度。

目前，我国只在电器电子产品领域建立了废弃处理基金政策，政策实施以来极大地推动了我国废旧家电的回收、拆解的规范化进程。然而，伴随着我国废旧电器电子产品的爆发式增长，以及在废弃物回收与处理过程中的一些问题，使得该制度亟须完善。

具体在制度建设方面，需在以下几个方面进行：①进一步规范对企业废弃物拆解处理的审核监督管理；②适当减少审核补贴周期，优化税收调整政策，降低企业资金成本，促进资源再生行业发展；③适时动态调整基金补贴政策，优化平衡现有产品结构；④在严格控制基金补贴企业数量的基础上，扶持优质企业，淘汰落后企业；⑤产品是否纳入补贴范围，要以产品的环境因素为基本依据，防止变相增加回收成本；⑥在国家回收网络未建成之前，建议企业尽快建立自有回收渠道，降低回收基金的占用比例；⑦改变目前对于废弃电器电子产品的管理以拆解量为依据，加强对废弃物回收及拆解之后产生的副产物的管理。

在废弃电器电子产品处理基金制度成功实施的基础上，一方面尽快扩大电子产品覆盖范围，使该政策效应得到全面发挥；另一方面尽快在其他相关产品领域建立处置基金制度，进行废气产品的基金征收和补贴政策。

7.3.3.3　健全企业绿色技术创新支持机制

绿色技术，又称“环境友好技术”或“生态技术”，源于20世纪70年代西方工业化国家的社会生态运动，是指以降低环境污染，减少能源、自然资源消耗，改造生态的技术、工艺或产品的总称。企业承担延伸责任，需要采用先进的生产工艺，实施清洁生产方式，这就需要进行绿色技术创新活动。因此，绿色技术创新的主体是企业。制度环境将会对技术创新活动产生深刻的影响，或产生有效的激励作用，或形成一定的约束和抑制作用。由于绿色技术的创新活动的目的是为降低产品生产及产品本身对环境造成的不良影响，并非通常单纯的为提高产品生产效率为目标的创新，且由于绿色技术创新往往具有投资大、见效周期长、风险高等特点，绿色技术负载的经济价值可能更多地体现在隐性的非货币化方面。所以绿色技术的创新单方面依靠市场机制不能起到良好的激励作用，而更加需要政府的大力推动和制度保障。在国务院《生产者责任延伸制度推行方案》（2016）中提出，国家将持续推进科技支持力度。

在具体制度建设上，首先，是在财政支持方面，加大支持力度。一方面通过各项措施确保专项拨款对企业绿色技术创新的支持，强化政府绿色采购的规划化管理工作，鼓励银行与金融机构给予企业绿色技术创新的贷款支持，另一方面，制定实施税收优惠政策；其次，借助政策性银行的引导支持作用对其支持；最后，通过排污权交易、节能量交易等经济杠杆手段推动企业的绿色技术创新（袁国华，2016）。

7.3.3.4　推行绿色采购制度

在国务院《生产者责任延伸制度推行方案》（2016）中提出，2019年要实施绿色采购目标管理。在我国政府绿色采购制度建设上，笔者认为，一是需要在现有基础上进一步丰富完善、细化政府绿色采购制度，使其上升到国家立法层面；二是确定政府绿色采购的重点方向和优先领域，从现有的绿色采购制度实施的几十种节能、环保产品范围适当向其他的，诸如新能源、再生资源产品、生物质能等新型环保产品领域扩展，或可根据采购项目的特点，适当提出绿色采购的强制性要求（王坤，2013）；三是在具体制度建设上，参考国际上推行绿色采购的先进经验，引入碳排放量指标、实施供应链管理等做法，着力构建国家统一的“政府绿色采购标准”制度和执行机制（翟钢，2012），将政府采购对产品的绿色要求扩展至产品的整个生命周期，即对产品的开发设计、生产包装、运输销售、废弃处理、循环利用等各个环节均提出绿色环保要求；四是完善政府绿色采购的执行监管和评估机制（王坤，2013）。

对于企业的绿色采购，我国现行法规并没有产生足够的约束，最终导致只有少数企业实施了绿色采购，这其中还包括部分企业为产品出口、应对绿色贸易壁垒而不得不实施的绿色采购环境实践。笔者认为，造成这种现象的原因主要有以下几个方面，一是我国消费者绿色认知与需求不够，目前我国消费者在消费中尚没有形成绿色消费行为习惯；二是绿色采购相关法规与行业标准不健全，执行不到位；三是企业绿色采购过程中缺乏与供应商的沟通并实现有效管理；四是企业本身缺乏必要的生产工艺流程与技术支持。以上问题的存在导致了企业绿色采购不能顺利实施。为此，为了能够顺利实施绿色采购，首先需要对广大消费者进行绿色环保知识的宣教，以提升消费者绿色消费需求；其次，加强化绿色产品标准制度等相关法规与措施的完善和执行；再次，强化与供应商的沟通与管理，构建科学有效地供应商评价体系；最后，加强企业生产工艺与技术的引进与创新。

7.3.3.5 其他激励制度

利用国债、国有银行政策性贷款等经济手段，引导社会投资取向，对采用制度的生产者进行一定的资助和奖励，提高生产者的积极性。

7.3.4 完善生产者责任延伸制度实施的监管机制

完备而有效的监督机制是确保生产者责任延伸制度良好运行的关键，一方面可以有效防止不履行延伸责任的生产者“搭便车”，另一方面也可以对承担延伸责任的主体产生良好的激励效应。对生产者责任延伸制度的相关责任主体可设立三类监督机制，一是政府等有权机关的监督，尽快研究设立绿色国民经济核算制度，改变地方政府政绩考评机制；二是同行业的内部监督，通过行业协会、生产者责任组织统一规范行业管理，特别是对废弃物回收利用等生产者延伸责任承担的监管；三是公众广泛的外部监督，赋予广大公众环境知情权、参与执法决策权与环境公益诉讼权，通过环境保护非政府组织的力量，充分发挥社会公众对于生产者延伸责任制度实施与环保工作的主动参与监督作用。

7.3.4.1 绿色国民经济核算制度

2015年7月8日国家环境保护部召开了《国家换经经济核算体系研究》（绿色GDP2.0）试点工作启动会。绿色GDP2.0核算将全面客观反映经济活动过程中的环境代价。国家环保部环境规划院副院长兼总工程师王金南指出，绿色GDP2.0核算，首先要开展环境成本核算，即将由经济社会活动引起的环境退化成本从GDP中减去，再把地方对于生态系统、环境系统改善工作产生的效益加入到GDP中，从而客观全面地反映生态环境退化成本与环境改善效益的核算，客观核算经济活动的“环境代价”；其次，核算生态系统生产总值，即核算生态系统各组成要素，如水、空气等要素的环境容量资产的负债情况，也就是对生态系统开展生态绩效评估，如果某地方的水资源（或空气等）超过了国家环境质量标准所允许排放的污染量，说明该区域的水环境容量资产出现了负债；再次，生态系统生产总值核算，也就是将生态系统各子系统（如草地生态系统、森林生态系统等）所提供的生态服务产品的价值进行核算；最后，经济绿色转型政策研究，即根据以上核算结果，诊断该区域应如何进行经济发展的绿色转型，并就应采取的符合环境承载力的发展模式提出政策建议。按照以上核算内容，选择安徽省、四川省等7个试点开展绿色GDP2.0核算试点工作（蔡梦晓，2015）。

目前研究的核算技术规范中分别有水环境、大气环境容量核算技术指南和生态系统生产总值核算技术指南。这些规范在试点推行工作实践中都要进行实验与检测，对于一些具体的技术方法的实施、实验数据的规范化和参数的选择等细节操作问题，如何结合我国经济社会发展实际国情来选择或确定是为技术层面的问题，同时又有什么标准能够衡量这些参数的采用，甚至这套技术规范是否符合我国的国情？另外，核算实际操作过程中，或许需要多个部门、多个行业之间的配合与联动合作，是否需要专门构建相应的职责部门来统领这项工作也是需要考虑的问题。还有专家也要思考，这套核算体系出台后，如何跟现行的政策和制度相结合的问题。笔者认为，目前的绿色GDP2.0核算体系仍处于研究阶段，这些问题应该能够在日后的研究与试点实验相互磨合的过程中逐渐解决。

7.3.4.2 行业协会制度与生产者责任组织的建立

行业协会，是指介于政府与企业之间，产品生产者与经营、使用者之间的，由同行业的企业为主体，包括科研、设计院所等单位，按照自愿的原则，自下而上组织起来的民间社会经济团体。行业协会是独立于政府、企业与市场的民间组织，是为政府与企业之间提供沟通协调、咨询与服务的桥梁和中介纽带。行业协会可实现将政府的相关具体政策规定在行业内进行传达落实与监督，行业内企业的要求和建议也可由行业协会统一提交给政府，更重要的是行业协会可以对行业内部企业实行管理与互相监督，共同维护本行业的健康发展。目前，我国现有的行业协会多半并不具备真正意义上的非政府组织特征，往往带有“官民两重性”，是政府“指导”或监管下的行业协会，为此，需要进一步制定完善行业协会制度，使行业协会逐渐摆脱政府管控，成为真正独立的社会责任组织。

参考德国生产者责任组织的先进经验，充分发挥行业协会在行业管理过程中的优势，在确保企业经济利益不受损害的情况下，社会环境效益得到保障。健全的行业协会制度可有效促进生产者责任延伸制度的完善与实施。首先，行业协会作为行业内企业管理的平台，可以统一行业内的产品标准。一般情况下，行业内部的现有企业在发展规模、产品类型等各方面均有较大差异，为规范行业内的产品管理，可在各个产品领域统一产品标准，特别是对于产品的环境性能做出统一的基本要求，即产品的环境保护标准，按照国家环境标志计划与产品环境保护标准制度，形成统一的绿色环境标志，由此还可以进一步规范废弃产品的回收利用。其次，行业协会可有效沟通、共享行业内各企业之间的信息，包括各企业采用的最新的环保技术与生产工艺，如此有助于整体提高整个行业的环保技术水平。行业协会发展成熟时可演化形成生产者责任组织（Producer Responsibility Organizations，简称PRO）。生产者责任组织是生产者通过合作机制或由政府建立的，专门负责废弃产品的回收、处理和循环利用的组织团体。生产者责任组织对于促进生产者延伸责任的承担起到了特别关键的作用，特别是对于中小企业来说，加入该组织可有效降低延伸责任履职的成本与难度。

7.3.4.3　完善公众参与制度

伴随着经济社会的日益发展与现代科技的进步，政府的改革愈来愈需要广大社会公众参与到公共政策制定与执行过程中来。公众的适度参与一定程度上减少了政府在政策制定或执行过程中忽视不同利益主体诉求表达的行为，使得政策建设执行过程更加公开、公正与公平。社会公众对生态环保事业的参与一方面，体现在公众自身的环境友善、环境保护行为和关于环境保护知识的宣传与教育等方面。另一方面，公众参与还体现为制度化的民主制度，指公众对以政府相关部门承担的生态环境保护相关的公共管理事务的参与，是政府和公众通过协商、合作、互动来解决相关公共事务的一系列规则（袁国华，2016）。每一个社会成员都必然会成为消费者。消费者在选购、消费产品过程中所形成的绿色消费模式，将会促进产品结构和生产方式的绿色化转变，是循环经济发展的内在动力，将引领产业结构的优化升级。建立健全公众参与制度，可以充分发挥社会公众的环保能动性与监督作用，解决“生态环境”外部性的政府失灵与市场失灵问题。

（1）公众参与政策制定与实施过程。

生产者责任延伸制度实施涉及的责任主体主要有生产者、销售者、消费者、政府，还可能包括回收者、废弃物拆解处置者等第三方组织单位，以及社会组织等。在生产者责任延伸制度建设与实施过程中，应该让相关责任主体都参与进来，充分发挥其作用。

总体上公众在政策过程中的参与过程可分解为以下五个阶段：①问题确认，即各参与主体根据各自履行责任过程中发现的问题或需求，自下而上将其推动成为政策问题，引起政策制定者的关注和讨论；②政策制定，即各责任主体为即将制定的政策，结合自身利益价值与整个社会价值提出各自的建议和意见，用以解决各方面、不同利益主体的矛盾关系，协助政策制定者制定出相对公平、公正、合理的政策方案；③政策推广，即需要各个责任主体充分了解政策内容和实施要点的基础上，进行层层传达、广泛落实；④政策执行，即各责任主体按照政策执行标准，将其付诸实践；⑤政策评估，即，各责任主体结合自身实践与观察，对政策实施情况进行评估，以鉴定其有效性和科学性（尹云，2016）。

基于各自不同的参与角色，在政策制定与实施过程中参与重点和参与形式也有所不同。生产者按照生产者责任延伸制度要求，应承担产品生命周期内各阶段产生的环境影响责任；销售者则具有选择生态绿色销售品的责任，承担部分回收责任；消费者则具有主动将废弃物返还至回收站点的责任；政府则对制度实施与生态环境保护具有监督和管理责任；第三方回收企业、处理企业则分别协助生产者完成废弃物进行回收、废弃物再生利用与无害化处置等义务；行业协会应充分发挥其在企业与政府间的沟通协调作用，协助做好废弃物回收标准等政策的制定；环境保护非政府组织，一方面做好广大公众生态环保知识的宣教工作，同时做好各项政策执行的监督。各责任主体在参与政策过程的不同阶段发挥的作用各不同。比如，在政策问题确认阶段，环境保护非政府组织（NGO）等多由民众自发形成的非营利组织对于政策问题形成与推动作用较强；在政策制定阶段，行业协会作为行业咨询、监督与协调组织，相对具备较丰富的行业专业知识，对于相关政策的制定上发挥的作用就较大；政策执行中，生产者与第三方回收处理单位所拥有的对于特定产品的专业技术技能就得到体现。因此，为了达到生产者责任延伸制度制定与执行的最佳效果，在不同的制度过程阶段，要注意发挥重点参与主体的作用。

表7－10　各责任主体参与生产者责任延伸制度政策过程的形式

参与主体	参与形式
生产者	承担产品生命周期内各阶段产生的环境影响责任
销售者	具有选择生态绿色销售品的责任，承担部分回收责任
消费者	具有主动将废弃物返还至回收站点的责任
政府	对制度实施与生态环境保护具有监督和管理责任
回收、拆解处理等第三方组织单位	分别协助生产者完成废弃物进行回收、废弃物再生利用与无害化处置等义务

续表

参与主体	参与形式
行业协会	充分发挥其在企业与政府间的沟通协调作用，协助做好废弃物回收标准等政策的制定
环境保护非政府组织	一方面做好广大公众生态环保知识的宣教工作，同时做好各项政策执行的监督

（2）建立和完善绿色环保知识宣传教育机制和制度。

基于目前广大公众对生态环保知识的欠缺，绿色消费观念的意识不强的现状，亟须进一步完善相关宣教制度，帮助公众转变观念，培育绿色环保行为意识，提高自主参与能动性。

（3）建立公众参与机制，建立一整套管理服务机制为公众参与提供相应的制度平台。

第一，信息公开机制，赋予公民环境知情权。政府要定期公布包括环境质量标准、环境排污标准与环境基础标准等环境标准，以及各污染物排放超标企业信息等。健全政府环境信息公开制度，让公众及时了解关于环境的信息和数据。第二，环境行政执法参与决策权，即公众可通过一定的程序或途径，参与各政府主管部门对环境管理的各项决策与管理活动，并有权对政府的相关环境决策与执法落实情况予以监督，对政府颁布的环境保护法律、法规提供政策建议。第三，环境公益诉讼机制，公众可通过举报或诉讼等途径对侵犯国家和社会公共利益的环境侵权行为向法院提起诉讼，由法院依法追究当事人责任的机制。公益诉讼机制建立之后，任何单位或个人都可以对不完全履行生产者延伸责任的责任者提起公益诉讼，可以起到监督和激励的作用（国务院，2017）。第四，建立信息反馈制度，即将公众对于政策制定与执行过程中提出的建议或意见在政策结果中的采纳情况予以反馈。第五，建立健全环保非政府组织（non - governmental organizations，简称 NGO），为公众参与提供组织保障。非政府组织，即由不以盈利为目的的，相同或相近志向的人员组建的，具有相对稳定的成员和组织形式的，独立于政府机构之外运作，以关注于社会普遍性的公众事业的民间团体组织。目前，我国的环境保护非政府组织在环境保护领域开展的环保活动也日渐壮大。

参考文献：

[1] 周昱．生产者延伸责任（EPR）制度法律研究［D］．上海：复旦大学，2008.

[2] 周贺．国家发改委发布《产业结构调整指导目录》，《人民日报》［EB/OL］．［2005－12－22］．http：//politics. people. com. cn/GB/1027/3964393. html.

[3] 尹云．我国电子废弃物回收处理政策过程中的公众参与研究［D］．济南：山东大学，2016.

[4] 周杰，陶晓芳．生产者责任延伸制下销售－回收型闭环供应链收益共享契约研究［J］．科学决策，2016，(02)．

[5] Guide V. D，Terry P. H，Luk N. V. W. the challenges of closed－loop supply chains［J］. Interfaces，2003，33（6）．

[6] 国家发改委．国家发展改革委关于印发《2015 年循环经济推进计划》的通知［EB/OL］．［2016－12－12］．http：//www. gov. cn/xinwen/2015－04/20/content_ 2849620. htm.

[7] 王帅．我国生产者责任延伸法律制度研究［D］．杨凌：西北农林科技大学，2010.

[8] 郭凡礼，黎雪荣，周思然，马遥．2017－2021 年中国静脉产业园区深度分析及发展规划咨询建议报告［R］．北京，2016.

[9] 绿色税收［EB/OL］．［2010－07－30］．http：//www. 110. com/falv/caishuifalv/caishuizhishi/sskz/2010/0730/198064. html.

[10] 林晖．循环经济下的生产者责任延伸制度研究［D］．中国海洋大学，2010.

[11] 李丽辉，吴秋余．排污费将转换为环保税：增强执法刚性 减少地方干预［N］．人民日报，2017－01－09（02）．

[12] 财政部、税务总局关于全面推进资源税改革的通知．［EB/OL］．

[2016 - 05 - 10]. http://www.gov.cn/xinwen/2016 - 05/10/content_ 5072030. htm, 2016 - 5 - 10.

[13] 齐建国，陈新力，张芳．论生态文明建设下的生产者责任延伸[J]．经济纵横，2016，(12)．

[14] 张芳．EPR 政策与中国实践——以包装废弃物为例[R]．北京：中国社会科学院数量经济与技术经济研究所，2014 年．

[15] 李幼玲．完善生产者延伸制度 厘清生产者责任范围[N]．中国有色金属报，2016 - 05 - 28 (006)．

[16] 余寒．新版废弃电器处理基金补贴标准出炉基金动态调整防企业造假[EB/OL]．[2015 - 11 - 28]．http://finance.sina.com.cn/roll/20151128/182523879162.shtml.

[17] 李金华．中国环境经济核算体系范式的设计与阐释[J]．中国社会科学，2009，(01)．

[18] 国合会建议中国政府重启绿色 GDP 核算 加速绿色税改[EB/OL]．[2016 - 12 - 09]．http://finance.sina.com.cn/roll/2016 - 12 - 09/doc - ifxypcqa9143217.shtml.

[19] 赵鲜．生产者责任延伸制度的思考[J]．内蒙古电大学刊，2012，(05)．

[20] 刘东凯，韩洁．中国正在积极建立绿色国民经济核算制度[EB/OL]．[2004 - 03 - 11]．http://news.xinhuanet.com/newscenter/2004 - 03/11/content_ 1359629.htm.

[21] 朱启贵．绿色低碳发展需要绿色国民经济核算[EB/OL]．[2011 - 02 - 21]．http://www.qstheory.cn/st/xhjj/201102/t20110221_ 69068.htm.

[22] 张瑛．政府绿色采购的国际经验与借鉴[J]．山东财政学院学报，2006，(03)．

[23] 王秀臣．倡导绿色消费 政府采购应率先垂范[N]．中国环境报，2004 - 09 - 15 (1)．

[24] 完善我国政府绿色采购制度体系[J]．中国政府采购，2012，(12)．

[25] 严雨平，姜宏．中国环境标志计划的发展与实施 [J]．环境教育，2007，(09)．

[26] 完善我国政府绿色采购制度体系 [EB/OL]．[2012-11-26]．http：//news. hexun. com/2012-11-26/148369731. html.

[27] 朱庆华，耿涌．绿色供应链管理动力转换模型实证研究 [J]．管理评论，2009，(11)．

[28] 王文峰．论我国制造企业实施绿色采购的意义及途径 [J]．中国市场，2009，(19)．

[29] 朱庆华．基于资源基础观的政府法规推动企业绿色采购实现机理研究 [J]．管理评论，2012，(10)．

[30] 中国物流与采购联合会．2014 年中国企业绿色采购调查报告 [EB/OL]．[2015-03-12]．http：//www. igreen. org/2015/0312/ 5727. html.

[31] 废弃电器电子产品处理基金政策实施情况 [EB/OL]．[2013-12-26]．http：//www. chinairn. com/news/20131226/10020978. html.

[32] 吴金森．关于完善《废弃电器电子产品处理基金征收使用管理办法》的建议 [EB/OL]．[2015-08-31]．http：//www. shtzb. org. cn/node2124/node2143/node2194/u1ai1800119. html.

[33] 凌江，郑洋，邓毅，宋鑫．我国废弃电器电子产品处理对策研究 [J]．环境保护，2016，(13)．

[34] 国务院．国务院办公厅关于印发生产者责任延伸制度推行方案的通知国办发〔2016〕99 号 [EB/OL]．[2016-12-25]．http：//www. gov. cn/zhengce/content/2017-01/03/content_ 5156043. htm.

[35] 钟宏昆．“美丽中国”建设进程中循环经济法律体系的完善 [J]．法制博览（中旬刊），2013，(08)．

[36] 杨汝琦．建立与完善我国循环经济法律体系 [J]．中共成都市委党校学报，2011，(01)．

[37] 彭绪庶．转轨期再生资源管理基本制度构建 [J]．生态经济，2016，(04)．

[38] 李花蕾．循环经济视角下生产者责任延伸制度研究［D］．昆明：昆明理工大学，2011.
[39] 申进忠．产品导向环境政策研究［D］．中国海洋大学，2006.
[40] 袁国华．政府应建立绿色采购制度［EB/OL］．［2016－02－18］．http：//news. sina. com. cn/o/2016－02－18/doc－ifxprqea4668459. shtml.
[41] 王坤，不断完善我国政府绿色采购制度体系［EB/OL］．［2013－11－13］．http：//news. hexun. com/2013－11－13/159639955. html.
[42] 蔡梦晓，汪徐秋林．绿色 GDP2. 0 核算：全面反映经济活动的环境代价［EB/OL］．［2015－04－14］．http：//news. xinhuanet. com/talking/2015－04/14/c_ 1114945779. htm.
[43] 吴椒军，张庆彩．企业环境责任及其政策法律制度设计［J］．学术界，2004，(06)．
[44] 我国已发布 96 项环境标志标准［J］．标准生活，2014，(10)．
[45] 政策·要闻［J］．中国招标，2012，(45)．
[46] 郄建荣．政府采购 2500 亿元大单：检验政府的绿色责任［J］．绿色视野，2005，(12)．
[47] 王洁．绿色循环低碳开启绿色采购新时代［J］．中国政府采购，2013，(11)．
[48] 孙刚，房岩，刘倩．环境税与可持续发展的关系［J］．安徽农业科学，2012，(09)．
[49] 李爱年，刘爱良．后《奥胡斯公约》中环境信息公开制度及对我国的启示［J］．湖南师范大学社会科学学报，2010，(02)．
[50] 政策与法规［J］．电池工业，2003，(06)．
[51] 王月华，马海阳．关于完善我国绿色税收制度的思考［J］．河北能源职业技术学院学报，2007，(04)．
[52] 张春光，姜子龙．我国环境税收体系的建立和完善［J］．辽宁财专学报，2003，(05)．
[53] 孙瑞灼．开征环境税宜早不宜迟［J］．宁波通讯，2012，(01)．

[54] 丁丽娜．建立我国环境税制度探析［J］．科协论坛（下半月），2011，（02）．

[55] 环保税2018年开征 年征收可达500亿［J］．资源再生，2016，（1）．

[56] 王玉洁，陈德利．基于国家所有权的矿业权价值的实现［J］．中国国土资源经济，2012，（06）．

[57] 赵蕾．我国的环境税收体系建设研究［D］．首都经济贸易大学，2012.

[58] 黄丽．完善我国绿色税收体系的思考［D］．山西财经大学，2010.

[59] 陈静霜．再论小城镇体育［J］．成都体育学院学报，2013：（22－25），10.

[60] 新华社．国务院办公厅印发《生产者责任延伸制度推行方案》［EB/OL］．［2017－01－03］．http：//www.gov.cn/xinwen/2017－01/03/content_ 5156100.htm.

[61] 国务院．国务院办公厅关于印发生产者责任延伸制度推行方案的通知国办发〔2016〕99号［EB/OL］．［2016－12－25］．http：//www.gov.cn/zhengce/content/2017－01/03/content _ 5156043．htm.

8. 结　论

工业社会及其文明在经济社会发展过程中面临的资源、环境等方面的种种问题与挑战催生了生态文明理念的提出，同时也促成了生产者责任延伸制度这一应对废弃产品问题的制度措施的诞生。本书通过跟踪和把握社会发展的最新趋势，把生态文明理念与生产者责任延伸制度结合起来进行专门研究，提取生产者责任延伸制度的理论与实践经验，考察我国生产者责任延伸制度建设与实践的现状，检讨我国生产者责任延伸制度在理念、价值、立法、制度等方面存在的不足，并提出相应的完善建议和具体方案，以期为进一步促进我国生产者责任延伸理念的进步、立法的健全、制度的完善的优化提供理论依据和学理支持，主要形成了以下结论：

第一，人类与自然的相互作用关系是生态文明的基本关系，生态化的社会实践方式的形成是生态文明的实践基础，生产者责任延伸制度的实施方式与成效，反映了生态文明的本质追求。生产者责任延伸制度是落实建设生态文明所需的生态化生产、生活方式的制度规范，是建设生态文明的具体实践。建设生态文明和落实生产者责任延伸制度的实践表明，可持续发展既是生态文明和生产者责任延伸制度在内涵上的一致要求，又是二者在实践中的共同追求。

第二，研究表明，在瑞典、德国、日本、美国，及欧盟等发达国家和组织，EPR 制度对于环境的保护和经济效益的提高都起到了良好的效果。借鉴其制度建设与实施经验，首先，将我国生产者责任延伸制度的法律体系划分为三个层次：第一层次为基本法，可以《循环经济促进法》作为法律体系的基本法，对生产者责任延伸制度做原则上的规定；第二层次单向法规，即针对具体的产品和对象特征制定单向法规和条例；第三层次实施标准与细则，该层次法规主要以地方政府针对本地区实际情况针对特定产品或地区情况制定的条例。其次，对产品整个生命周期的各责任主体应承担的责任及承担责任的方式，及不履行责任的法律责任等进行明确的规定，完善与生产者责任延伸制度配套实施的制度和实施措施，特别要制定具体可行的激励制度，以确保生产者责任延伸制度的整体性和统一协调性。再次，进一步完善优惠税收制度、押金返还制度、资金保障机制等配套制度和手段，以保障废弃产品回收再利用工作的顺利开展，同时体现出政府的引导和激励作用。最后，基于我国公众的环保意识与绿色消费意识相对较弱的客观现象，有针对性的对消费者设置相应的配套制度，以保障其参与的积极性，全面参与是 EPR 制度实施的关键。

第三，生产者责任延伸制度突破了传统的生产者产品责任理论与传统法学理论的生产者的责任范围与责任内容，一方面它通过延伸生产者的责任，将原来的生产者只承担产品生产、销售过程中的责任，延长至产品整个生命周期，直至产品生命终结（废弃），将生命周期内各个环节的责任有机统一起来；另一方面该延伸责任是在原有的产品质量责任、产品生产过程中的环境污染责任的基础上，延伸制产品生命周期内各环节的环境影响责任，特别是将产品废弃阶段的处置成本内化为生产者成本的有效机制。

第四，生产者责任延伸制度设计遵循生态系统基本规律，要求生产者对其产品生命周期内的各个环节对环境造成的影响承担延伸责任，使得产品的外部成本内部化为企业成本。强制生产者对其产品报废后的环境影响承担延伸责任，将会激励生产者在产品设计阶段就开始考虑产品的原材料选取、产品生产等方面的生态化设计，以方便废弃后的回收与拆解利用等，从而降低废弃产品的循环利用与处置成本。同时，通过构建多元化回收与处置体系，最大限度地循环利用废弃物中隐含的可再生资源，实现废物处置成本降低与资源化使用的闭环式循环。充分体现了循环经济理论的减量化、再利用与资源化原则。生产者在顺利实施生产经营行为，享有环境权的同时承担延伸责任，既体现了生产者环境权利和义务的统一，也弥补了产品消费后环境责任的缺失，使得社会公众个人环境权益得到保障。

第五，由工业文明迈向生态文明是一种范式的根本转变。确立生态利益优先的生态文明为指导思想的新的发展理念是人类社会发展的必然要求。现阶段，我国已进入经济发展新常态，再生资源产业持续低迷的现实背景下，我国引入 EPR 制度的首要目标是通过制度创新，在解决环境污染问题的基础上，实现资源的再生利用。在 EPR 制度实施上，应遵循首先选择产品数量大，对环境影响大的产品实施此制度，坚持社会效益大于社会成本的原则，从易到难的原则，从不完全责任到完全责任分步实施原则，有利促进企业推广生态设计的原则。

第六，伴随着日渐严峻的废弃物环境问题，我国的相关立法中也逐步确立了具有生产者责任延伸思想的相关规定，对生产者的源头预防责任、产品环境信息披露责任以及废弃产品的废置责任等作出了明确规定。然而，事实上由于生产者责任延伸思想及其实践经验传入我国的时间较短，相对而言国家各层面，包括生产者、销售者以及消费者等在内的主体对产品生产、销售与使用过程中造成的环境影响意识较淡，对生产者责任延伸制度设计与实施等缺乏统一的认识，导致我国现行的生产者责任延伸制度立法导向偏颇，制度设计不具系统化、规范化特征，现有的相关法律法规之间缺乏系统性、层次性，法规内部在内容设计上缺乏明确的考核指标，总体上导致在实践中无法有效发挥应有的法律约束功能，只是在部分领域实施了不完全的生产者延伸责任。为此，提出：①基于我国 EPR 制度在《循环经济促进法》中已有明确规定，因此，可以《循环经济促进法》作为我国生产者责任延伸制度的统领性法律，以此确立 EPR 立法总体框架，总体上确立生产者责任延伸制度原则与纲领。根据各行业或领域的共性问题设定基础性法律，用以规范一定范围内的生产者延伸责任问题。制定一系列适用于不同具体行业和领域的单行法和实施细则作为基本法、基础法的配套法律，用以指导某一个

（类）具体（产品）领域废弃产品的环境影响问题。各个地方在 EPR 基本法、基础法、单行法的基础上，可结合区域经济社会发展实际制定适合本地区的具体实施的细则或办法作为补充。总体上形成用以引导、鼓励和强制生产者承担延伸责任的多层次的比较完备的生产者责任延伸立法体系。②明确界定生产者、消费者、销售者、政府等相关责任主体与具体责任。③有针对性地灵活单独运用法律或经济调节，或两者结合的实施方式，在确保生产者责任延伸制度能够获得环境效益的同时，兼顾经济效益。④在我国经济新常态下，废弃产品的“资源属性”逐渐下降，“环境属性”逐渐上升，生产者责任延伸制度相关立法的完善与建设应更加侧重于其作为废弃物所固有的环境属性，确立以环境优先为导向。⑤在生产者责任延伸制度建设与实施的初期阶段，制度建设进程需进一步推进，制度实施对象的选择上应结合具体国情遵循量大面广，环境效果优先原则、从易到难的原则、从不完全责任到完全责任分步实施原则。

第七，在我国目前 EPR 制度建立之初，无论生产者还是消费者大多缺乏环保意识和可持续发展意识，在实施 EPR 制度上缺乏主动性，EPR 制度的实施是一个综合过程，单靠法律的作用难以实现。为此，按照生产者责任延伸制度实施的需要，政府逐渐在废弃物管理、环境税费、激励扶持、绿色国民经济核算制度、绿色采购等方面制定了相应的配套制度，为我国生产者责任延伸制度的顺利实施起到了重要的保障作用。然而，目前仍存在譬如环境返还押金制度不健全，废弃物回收名录不详细、回收体系待完善，产品环境标准、信息公开机制、行业协会制度等还有待建立，政府监管调控缺位，绿色国民经济核算制度有待落实等问题，已经导致了我国 EPR 制度可操作性差的问题，从而影响 EPR 制度在我国的有效实施。为此提出须以生态文明理念为指导，分别从政府关于固体废弃物的管制制度、多元回收体系的构筑和阶段化物流回收体系建设制度、政府对延伸责任各相关主体和行为的激励引导制度、生产者责任延伸制度实施的监管制度等多个方面完善生产者责任延伸制度的政策体系。

附　录

附录 1——生产者责任延伸制度推行方案

生产者责任延伸制度是指将生产者对其产品承担的资源环境责任从生产环节延伸到产品设计、流通消费、回收利用、废弃物处置等全生命周期的制度。实施生产者责任延伸制度，是加快生态文明建设和绿色循环低碳发展的内在要求，它对推进供给侧结构性改革和制造业转型升级具有积极的意义。近年来，我国在部分电器电子产品领域探索实行生产者责任延伸制度，取得了较好效果，有关经验做法应予复制和推广。为进一步推行生产者责任延伸制度，根据中共中央、国务院印发《<生态文明体制改革总体方案>的通知》要求，特制订以下方案。

一、总体要求

（一）指导思想。全面贯彻党的十八大和十八届三中、四中、五中、六中全会精神，按照党中央、国务院决策部署，紧紧围绕统筹推进“五位一体”总体布局和协调推进“四个全面”战略布局，牢固树立创新、协调、绿色、开放、共享的发展理念，加快建立生产者责任延伸的制度框架，不断完善配套政策法规体系，逐步形成责任明确、规范有序、监管有力的激励约束机制，通过开展产品生态设计、使用再生原料、保障废弃产品规范回收利用和安全处置、加强信息公开等，推动生产企业切实落实资源环境责任，提高产品的综合竞争力和资源环境效益，提升生态文明建设水平。

（二）基本原则。

政府推动，市场主导。充分发挥市场在资源配置中的决定性作用，更好发挥政府规划引导和政策支持作用，形成有利的体制机制和市场环境。

明晰责任，依法推进。强化法治思维，逐步完善生产者责任延伸制度相关法律法规和标准规范，依法依规明确产品全生命周期的资源环境责任。

有效激励，强化管理。创新激励约束机制，调动各方主体履行资源环境责任的积极性，形成可持续商业模式。加强生产者责任延伸制度实施的监督评价，不断提高管理水平。

试点先行，重点突破。合理确定生产者责任延伸制度的实施范围，把握实施的节点和力度。坚持边试点、边总结、边推广，逐步扩大实施范围，稳妥推进相关工作。

（三）工作目标。到2020年，生产者责任延伸制度相关政策体系初步形成，产品生态设计取得重大进展，重点品种的废弃产品规范回收与循环利用率平均达到40%。到2025年，生产者责任延伸制度相关法律法规基本完善，重点领域生产者责任延伸制度运行有序，产品生态设计普遍推行，重点产品的再生原料使用比例达到20%，废弃产品规范回收与循环利用率平均达到50%。

二、责任范围

（一）开展生态设计。生产企业要统筹考虑原辅材料选用、生产、包装、销售、使用、回收、处理等环节的资源环境影响，深入开展产品生态设计。具体包括轻量化、单一化、模块化、无（低）害化、易维护设计，以及延长寿命、绿色包装、节能降耗、循环利用等设计。

（二）使用再生原料。在保障产品质量性能和使用安全的前提下，鼓励生产企业加大再生原料的使用比例，实行绿色供应链管理，加强对上游原料企业的引导，研发推广再生原料检测和利用技术。

（三）规范回收利用。生产企业可通过自主回收、联合回收或委托回收等模式，规范回收废弃产品和包装，直接处置或由专业企业处置利用。产品回收处理责任也可以通过生产企业依法缴纳相关基金、对专业企业补贴的方式实现。

（四）加强信息公开。强化生产企业的信息公开责任，将产品质量、安全、耐用性、能效、有毒有害物质含量等内容作为强制公开信息，面向公众公开；将涉及零部件产品结构、拆解、废弃物回收、原材料组成等内容作为定向公开信息，面向废弃物回收、资源化利用主体公开。

三、重点任务

综合考虑产品市场规模、环境危害和资源化价值等因素，率先确定对电器电子、汽车、铅酸蓄电池和包装物等 4 类产品实施生产者责任延伸制度。在总结试点经验基础上，适时扩大产品品种和领域。

（一）电器电子产品。制定电器电子产品生产者责任延伸政策指引和评价标准，引导生产企业深入开展生态设计，优先应用再生原料，积极参与废弃电器电子产品回收和资源化利用。

支持生产企业建立废弃电器电子等产品的新型回收体系，通过依托销售网络建立逆向物流回收体系，选择商业街区、交通枢纽开展自主回收试点，运用“互联网＋”提升规范回收率，选择居民区、办公区探索加强垃圾清运与再生资源回收体系的衔接，大力促进废弃电器电子产品规范回收、利用和处置，保障数据信息安全。率先在北京市开展废弃电器电子产品新型回收利用体系建设试点，并逐步扩大回收利用废弃物范围。

完善废弃电器电子产品回收处理相关制度，科学设置废弃电器电子产品处理企业准入标准，及时评估废弃电器电子产品处理目录的实施效果并进行动态调整。加强废弃电器电子产品处理基金征收和使用管理，建立“以收定支、自我平衡”的机制。强化法律责任，完善申请条件，加强信息公开，进一步发挥基金对生产者责任延伸的激励约束作用。

（二）汽车产品。制定汽车产品生产者责任延伸政策指南，明确汽车生产企业的责任延伸评价标准，产品设计要考虑可回收性、可拆解性，优先使用再生原料、安全环保材料，将用于维修保养的技术信息、诊断设备向独立维修商（包括再制造企业）开放。鼓励生产企业利用售后服务网络与符合条件的拆解企业、再制造企业合作建立逆向回收利用体系，支持回收报废汽车，推广再制造产品。探索整合汽车生产、交易、维修、保险、报废等环节基础信息，逐步建立全国统一的汽车全生命周期信息管理体系，加强报废汽车产品回收利用管理。

建立电动汽车动力电池回收利用体系。电动汽车及动力电池生产企业应负责建立废旧电池回收网络，利用售后服务网络回收废旧电池，统计并发布回收信息，确保废旧电池规范回收利用和安全处置。动力电池生产企业应实行产品编码，建立全生命周期追溯系统。率先在深圳等城市开展电动汽车动力电池回收利用体系建设，并在全国逐步推广。

（三）铅酸蓄电池、饮料纸基复合包装。对铅酸蓄电池、饮料纸基复合包装等产业集中度较高、循环利用产业链比较完整的特定品种，在国家层面制定、分解落实回收利用目标，并建立完善统计、核查、评价、监督和目标调节等制度。

引导铅酸蓄电池生产企业建立产品全生命周期追溯系统，采取自主回收、联合回收或委托回收模式，通过生产企业自有销售渠道或专业企业在消费末端建立的网络回收铅酸蓄电池，支持采用“以旧换新”等方式提高回收率。备用电源蓄电池、储能用蓄电池报废后交给专业企业处置。探索完善生产企业集中收集和跨区域转运方式。率先在上海市建设铅酸蓄电池回收利用体系，规范处理利用采取“销一收一”模式回收的废铅酸蓄电池。

开展饮料纸基复合包装回收利用联盟试点。支持饮料纸基复合包装生产企业、灌装企业和循环利用企业按照市场化原则组成联盟，通过灌装企业销售渠道、现有再生资源回收体系、循环利用企业自建网络等途径，回收废弃的饮料纸基复合包装。鼓励生产企业根据回收量和利用水平，对回收链条薄弱环节给予技术、资金支持，推动实现回收利用目标。

四、保障措施

（一）加强信用评价。建立电器电子、汽车、铅酸蓄电池和包装物4类产品骨干生产企业落实生产者责任延伸的信用信息采集系统，并与全国信用信息共享平台对接，对严重失信企业实施跨部门联合惩戒。建立4类产品骨干生产企业履行生产者责任延伸情况的报告和公示制度，并率先在部分企业开展试点。建立生产者责任延伸的第三方信用认证评价制度，引入第三方机构对企业履责情况进行评价核证。定期发布生产者责任延伸制度实施情况报告。

（二）完善法规标准。加快修订循环经济促进法、报废汽车回收管理办法、废弃电器电子产品回收处理管理条例，适时制订铅酸蓄电池回收利用管理办法、新能源汽车动力电池回收利用暂行办法、强制回收产品和包装物名录及管理办法、生产者责任延伸评价管理办法。建立完善产品生态设计、回收利用、信息公开等方面标准规范，支持制订生产者责任延伸领域的团体标准。开展生态设计标准化试点。建立统一的绿色产品标准、认证、标识体系，将生态设计产品、再生产品、再制造产品纳入其中。

（三）加大政策支持。研究对开展生产者责任延伸试点的地区和相关企业创新支持方式，加大支持力度。鼓励采用政府和社会资本合作（PPP）模式、第三方服务方式吸引社会资本参与废弃产品回收利用。建立绿色金融体系，落实绿色信贷指引，引导银行业金融机构优先支持落实生产者责任延伸制度的企业，支持符合条件的企业发行绿色债券建设相关项目。通过国家科技计划（专项、基金等）统筹支持生态设计、绿色回收、再生原料检测等方面共性关键技术研发。支持生产企业、资源循环利用企业与科研院所、高等院校组建产学研技术创新联盟。

（四）严格执法监管。开展再生资源集散地专项整治，取缔非法回收站点。加强对报废汽车、废弃电器电子产品拆解企业的资质管理，规范对铅酸蓄电池等特殊品种的管理。严格执行相关法律法规和标准，依法依规处置达不到环境排放标准和安全标准的企业，查处无证经营行为。建立定期巡视和抽查制度，持续打击非法改装、拼装报废车和非法拆解电器电子产品等行为。

（五）积极示范引导。加大再生产品和原料的推广力度，发挥政府等公共机构的带头示范作用，实施绿色采购目标管理，扩大再生产品和原料应用，率先建立规范、通畅、高效的回收体系。遴选一批生产者责任延伸制度实施效果较好的项目进行示范推广。加强生产者责任延伸方面的舆论宣传，普及绿色循环发展理念，引导社会公众自觉规范交投废物，积极开展垃圾分类，提高生态文明意识。

各地区、各部门要高度重视推行生产者责任延伸制度的重要意义，加强组织领导，扎实推进工作。发展循环经济工作部际联席会议要把推行生产者责任延伸制度作为重要工作内容，加强顶层设计，统筹推进各项工作。国家发展改革委要细化实施方案，制订时间表、路线图，加强统筹协调和分类指导，重大情况及时向国务院报告。科技部、工业和信息化部、财政部、环境保护部、住房城乡建设部、商务部、人民银行、工商总局、质检总局、国务院法制办等部门要密切配合、形成合力，按照职责分工抓好落实。各地区要根据本地实际抓好具体实施，不断推进生产者责任延伸工作。

附件：重点任务分工及进度安排表

附件

重点任务分工及进度安排表

序号	重点任务	责任单位	时间进度安排
1	完善废弃电器电子产品回收处理制度	国家发展改革委、环境保护部、财政部在各自职责范围内分别负责	2017年年底前提出方案
2	制订强制回收的产品和包装物名录及管理办法，确定特定品种的国家回收利用目标	国家发展改革委牵头，工业和信息化部、环境保护部、住房城乡建设部、财政部、商务部、质检总局参与	2018年完成
3	率先在北京市开展废弃电器电子产品新型回收利用体系建设试点	北京市组织实施，国务院有关部门加强指导	2017年启动
4	开展饮料纸基复合包装回收利用联盟试点	相关行业联盟组织实施，国务院有关部门加强指导	2017年启动
5	探索铅酸蓄电池生产商集中收集和跨区域转运方式	环境保护部牵头，国家发展改革委、工业和信息化部参与	2017年启动
6	在部分企业开展生态设计试点	工业和信息化部、国家发展改革委	持续推动
7	在部分企业开展电器电子、汽车产品生产者责任延伸试点，率先开展信用评价	工业和信息化部、科技部、财政部、商务部组织试点，国家发展改革委牵头组织信用评价	持续推动
8	率先在上海市建设铅酸蓄电池回收利用体系	上海市组织实施，国务院有关部门加强指导	2017年启动
9	建立电动汽车动力电池产品编码制度和全生命周期追溯系统	工业和信息化部、质检总局负责	2017年完成
10	支持建立铅酸蓄电池全生命周期追溯系统，推动实行统一的编码规范	工业和信息化部、质检总局、国家发展改革委负责	持续推进

续表

序号	重点任务	责任单位	时间进度安排
11	建设生产者责任延伸的信用信息采集系统，制订生产者责任延伸评价管理办法，并制定相应的政策指引	国家发展改革委牵头，工业和信息化部、环境保护部、商务部、人民银行参与	2019 年完成
12	修订《报废汽车回收管理办法》，规范报废汽车产品回收利用制度	国务院法制办、商务部牵头，工商总局、国家发展改革委、工业和信息化部等部门参与	2017 年完成
13	制订铅酸蓄电池回收利用管理办法	国家发展改革委牵头，工业和信息化部、环境保护部参与	2017 年完成
14	健全标准计量体系，建立认证评价制度	质检总局牵头，国务院相关部门参与	持续推进
15	研究对开展生产者责任延伸试点的地区和履行责任的生产企业的支持方式	国家发展改革委，财政部	持续推进
16	加大科技支持力度	科技部牵头，国家发展改革委、工业和信息化部、环境保护部参与	持续推进
17	加快建立再生产品和原料推广使用制度	国家发展改革委、工业和信息化部、财政部、环境保护部、质检总局	2018 年完成
18	实施绿色采购目标管理	财政部牵头，国务院相关部门参与	2019 年完成
19	加强宣传引导	国家发展改革委牵头，国务院各部门参与	持续推进
20	加强工作统筹规划和分类指导	国家发展改革委牵头，国务院各部门参与	持续推进

附录2——中华人民共和国环境保护法

（1989年12月26日第七届全国人民代表大会常务委员会第十一次会议通过2014年4月24日第十二届全国人民代表大会常务委员会第八次会议修订。）

目　录

第一章　总则

第一条　为保护和改善环境，防治污染和其他公害，保障公众健康，推进生态文明建设，促进经济社会可持续发展，制定本法。

第二条　本法所称环境，是指影响人类生存和发展的各种天然的和经过人工改造的自然因素的总体，包括大气、水、海洋、土地、矿藏、森林、草原、湿地、野生生物、自然遗迹、人文遗迹、自然保护区、风景名胜区、城市和乡村等。

第三条　本法适用于中华人民共和国领域和中华人民共和国管辖的其他海域。

第四条　保护环境是国家的基本国策。

国家采取有利于节约和循环利用资源、保护和改善环境、促进人与自然和谐的经济、技术政策和措施，使经济社会发展与环境保护相协调。

第五条　环境保护坚持保护优先、预防为主、综合治理、公众参与、损害担责的原则。

第六条　一切单位和个人都有保护环境的义务。

地方各级人民政府应当对本行政区域的环境质量负责。

企业事业单位和其他生产经营者应当防止、减少环境污染和生态破坏，对所造成的损害依法承担责任。

公民应当增强环境保护意识，采取低碳、节俭的生活方式，自觉履行环境保护义务。

第七条　国家支持环境保护科学技术研究、开发和应用，鼓励环境保护产业发展，促进环境保护信息化建设，提高环境保护科学技术水平。

第八条　各级人民政府应当加大保护和改善环境、防治污染和其他公害的财政投入，提高财政资金的使用效益。

第九条　各级人民政府应当加强环境保护宣传和普及工作，鼓励基层群众性自治组织、社会组织、环境保护志愿者开展环境保护法律法规和环境保护知识的宣传，营造保护环境的良好风气。

教育行政部门、学校应当将环境保护知识纳入学校教育内容，培养学生的环境保护意识。

新闻媒体应当开展环境保护法律法规和环境保护知识的宣传，对环境违法行为进行舆论监督。

第十条　国务院环境保护主管部门，对全国环境保护工作实施统一监督管理；县级以上地方人民政府环境保护主管部门，对本行政区域环境保护工作实施统一监督管理。

县级以上人民政府有关部门和军队环境保护部门，依照有关法律的规定对资源保护和污染防治等环境保护工作实施监督管理。

第十一条　对保护和改善环境有显著成绩的单位和个人，由人民政府给予奖励。

第十二条　每年6月5日为环境日。

第二章　监督管理

第十三条　县级以上人民政府应当将环境保护工作纳入国民经济和社会发展规划。

国务院环境保护主管部门会同有关部门，根据国民经济和社会发展规划编制国家环境保护规划，报国务院批准并公布实施。

县级以上地方人民政府环境保护主管部门会同有关部门，根据国家环境保护规划的要求，编制本行政区域的环境保护规划，报同级人民政府批准并公布实施。

环境保护规划的内容应当包括生态保护和污染防治的目标、任务、保障措施等，并与主体功能区规划、土地利用总体规划和城乡规划等相衔接。

第十四条　国务院有关部门和省、自治区、直辖市人民政府组织制定经济、技术政策，应当充分考虑对环境的影响，听取有关方面和专家的意见。

第十五条　国务院环境保护主管部门制定国家环境质量标准。

省、自治区、直辖市人民政府对国家环境质量标准中未作规定的项目，可以制定地方环境质量标准；对国家环境质量标准中已作规定的项目，可以制定严于国家环境质量标准的地方环境质量标准。地方环境质量标准应当报国务院环境保护主管部门备案。

国家鼓励开展环境基准研究。

第十六条　国务院环境保护主管部门根据国家环境质量标准和国家经济、技术条件，制定国家污染物排放标准。

省、自治区、直辖市人民政府对国家污染物排放标准中未作规定的项目，可以制定地方污染物排放标准；对国家污染物排放标准中已作规定的项目，可以制定严于国家污染物排放标准的地方污染物排放标准。地方污染物排放标准应当报国务院环境保护主管部门备案。

第十七条　国家建立、健全环境监测制度。国务院环境保护主管部门制定监测规范，会同有关部门组织监测网络，统一规划国家环境质量监测站（点）的设置，建立监测数据共享机制，加强对环境监测的管理。

有关行业、专业等各类环境质量监测站（点）的设置应当符合法律法规规定和监测规范的要求。

监测机构应当使用符合国家标准的监测设备，遵守监测规范。监测机构及其负责人对监测数据的真实性和准确性负责。

第十八条　省级以上人民政府应当组织有关部门或者委托专业机构，对环境状况进行调查、评价，建立环境资源承载能力监测预警机制。

第十九条　编制有关开发利用规划，建设对环境有影响的项目，应当依法进行环境影响评价。

未依法进行环境影响评价的开发利用规划，不得组织实施；未依法进行环境影响评价的建设项目，不得开工建设。

第二十条　国家建立跨行政区域的重点区域、流域环境污染和生态破坏联合防治协调机制，实行统一规划、统一标准、统一监测、统一的防治措施。

前款规定以外的跨行政区域的环境污染和生态破坏的防治，由上级人民政府协调解决，或者由有关地方人民政府协商解决。

第二十一条　国家采取财政、税收、价格、政府采购等方面的政策和措施，鼓励和支持环境保护技术装备、资源综合利用和环境服务等环境保护产业的发展。

第二十二条　企业事业单位和其他生产经营者，在污染物排放符合法定要求的基础上，进一步减少污染物排放的，人民政府应当依法采取财政、税收、价格、政府采购等方面的政策和措施予以鼓励和支持。

第二十三条　企业事业单位和其他生产经营者，为改善环境，依照有关规定转产、搬迁、关闭的，人民政府应当予以支持。

第二十四条　县级以上人民政府环境保护主管部门及其委托的环境监察机构和其他负有环境保护监督管理职责的部门，有权对排放污染物的企业事业单位和其他生产经营者进行现场检查。被检查者应当如实反映情况，提供必要的资料。实施现场检查的部门、机构及其工作人员应当为被检查者保守商业秘密。

第二十五条　企业事业单位和其他生产经营者违反法律法规规定排放污染物，造成或者可能造成严重污染的，县级以上人民政府环境保护主管部门和其他负有环境保护监督管理职责的部门，可以查封、扣押造成污染物排放的设施、设备。

第二十六条　国家实行环境保护目标责任制和考核评价制度。县级以上人民政府应当将环境保护目标完成情况纳入对本级人民政府负有环境保护监督管理职责的部门及其负责人和下级人民政府及其负责人的考核内容，作为对其考核评价的重要依据。考核结果应当向社会公开。

第二十七条　县级以上人民政府应当每年向本级人民代表大会或者人民代表大会常务委员会报告环境状况和环境保护目标完成情况，对发生的重大环境事件应当及时向本级人民代表大会常务委员会报告，依法接受监督。

第三章　保护和改善环境

第二十八条　地方各级人民政府应当根据环境保护目标和治理任务，采取有效措施，改善环境质量。

未达到国家环境质量标准的重点区域、流域的有关地方人民政府，应当制定限期达标规划，并采取措施按期达标。

第二十九条　国家在重点生态功能区、生态环境敏感区和脆弱区等区域划定生态保护红线，实行严格保护。

各级人民政府对具有代表性的各种类型的自然生态系统区域，珍稀、濒危的野生动植物自然分布区域，重要的水源涵养区域，具有重大科学文化价值的地质构造、著名溶洞和化石分布区、冰川、火山、温泉等自然遗迹，以及人文遗迹、古树名木，应当采取措施予以保护，严禁破坏。

第三十条　开发利用自然资源，应当合理开发，保护生物多样性，保障生态安全，依法制定有关生态保护和恢复治理方案并予以实施。

引进外来物种以及研究、开发和利用生物技术，应当采取措施，防止对生物多样性的破坏。

第三十一条　国家建立、健全生态保护补偿制度。

国家加大对生态保护地区的财政转移支付力度。有关地方人民政府应当落实生态保护补偿资金，确保其用于生态保护补偿。

国家指导受益地区和生态保护地区人民政府通过协商或者按照市场规则进行生态保护补偿。

第三十二条　国家加强对大气、水、土壤等的保护，建立和完善相应的调查、监测、评估和修复制度。

第三十三条　各级人民政府应当加强对农业环境的保护，促进农业环境保护新技术的使用，加强对农业污染源的监测预警，统筹有关部门采取措施，防治土壤污染和土地沙化、盐渍化、贫瘠化、石漠化、地面沉降以及防治植被破坏、水土流失、水体富营养化、水源枯竭、种源灭绝等生态失调现象，推广植物病虫害的综合防治。

县级、乡级人民政府应当提高农村环境保护公共服务水平，推动农村环境综合整治。

第三十四条　国务院和沿海地方各级人民政府应当加强对海洋环境的保护。向海洋排放污染物、倾倒废弃物，进行海岸工程和海洋工程建设，应当符合法律法规规定和有关标准，防止和减少对海洋环境的污染损害。

第三十五条　城乡建设应当结合当地自然环境的特点，保护植被、水域和自然景观，加强城市园林、绿地和风景名胜区的建设与管理。

第三十六条　国家鼓励和引导公民、法人和其他组织使用有利于保护环境的产品和再生产品，减少废弃物的产生。

国家机关和使用财政资金的其他组织应当优先采购和使用节能、节水、节材等有利于保护环境的产品、设备和设施。

第三十七条　地方各级人民政府应当采取措施，组织对生活废弃物的分类处置、回收利用。

第三十八条　公民应当遵守环境保护法律法规，配合实施环境保护措施，按照规定对生活废弃物进行分类放置，减少日常生活对环境造成的损害。

第三十九条　国家建立、健全环境与健康监测、调查和风险评估制度；鼓励和组织开展环境质量对公众健康影响的研究，采取措施预防和控制与环境污染有关的疾病。

第四章　防治污染和其他公害

第四十条　国家促进清洁生产和资源循环利用。

国务院有关部门和地方各级人民政府应当采取措施，推广清洁能源的生产和使用。

企业应当优先使用清洁能源，采用资源利用率高、污染物排放量少的工艺、设备以及废弃物综合利用技术和污染物无害化处理技术，减少污染物的产生。

第四十一条　建设项目中防治污染的设施，应当与主体工程同时设计、同时施工、同时投产使用。防治污染的设施应当符合经批准的环境影响评价文件的要求，不得擅自拆除或者闲置。

第四十二条　排放污染物的企业事业单位和其他生产经营者，应当采取措施，防治在生产建设或者其他活动中产生的废气、废水、废渣、医疗废物、粉尘、恶臭气体、放射性物质以及噪声、振动、光辐射、电磁辐射等对环境的污染和危害。

排放污染物的企业事业单位，应当建立环境保护责任制度，明确单位负责人和相关人员的责任。

重点排污单位应当按照国家有关规定和监测规范安装使用监测设备，保证监测设备正常运行，保存原始监测记录。

严禁通过暗管、渗井、渗坑、灌注或者篡改、伪造监测数据，或者不正常运行防治污染设施等逃避监管的方式违法排放污染物。

第四十三条　排放污染物的企业事业单位和其他生产经营者，应当按照国家有关规定缴纳排污费。排污费应当全部专项用于环境污染防治，任何单位和个人不得截留、挤占或者挪作他用。

依照法律规定征收环境保护税的，不再征收排污费。

第四十四条　国家实行重点污染物排放总量控制制度。重点污染物排放总量控制指标由国务院下达，省、自治区、直辖市人民政府分解落实。企业事业单位在执行国家和地方污染物排放标准的同时，应当遵守分解落实到本单位的重点污染物排放总量控制指标。

对超过国家重点污染物排放总量控制指标或者未完成国家确定的环境质量目标的地区，省级以上人民政府环境保护主管部门应当暂停审批其新增重点污染物排放总量的建设项目环境影响评价文件。

第四十五条　国家依照法律规定实行排污许可管理制度。

实行排污许可管理的企业事业单位和其他生产经营者应当按照排污许可证的要求排放污染物；未取得排污许可证的，不得排放污染物。

第四十六条　国家对严重污染环境的工艺、设备和产品实行淘汰制度。任何单位和个人不得生产、销售或者转移、使用严重污染环境的工艺、设备和产品。

禁止引进不符合我国环境保护规定的技术、设备、材料和产品。

第四十七条　各级人民政府及其有关部门和企业事业单位，应当依照《中华人民共和国突发事件应对法》的规定，做好突发环境事件的风险控制、应急准备、应急处置和事后恢复等工作。

县级以上人民政府应当建立环境污染公共监测预警机制，组织制定预警方案；环境受到污染，可能影响公众健康和环境安全时，依法及时公布预警信息，启动应急措施。

企业事业单位应当按照国家有关规定制定突发环境事件应急预案，报环境保护主管部门和有关部门备案。在发生或者可能发生突发环境事件时，企业事业单位应当立即采取措施处理，及时通报可能受到危害的单位和居民，并向环境保护主管部门和有关部门报告。

突发环境事件应急处置工作结束后，有关人民政府应当立即组织评估事件造成的环境影响和损失，并及时将评估结果向社会公布。

第四十八条　生产、储存、运输、销售、使用、处置化学物品和含有放射性物质的物品，应当遵守国家有关规定，防止污染环境。

第四十九条　各级人民政府及其农业等有关部门和机构应当指导农

业生产经营者科学种植和养殖，科学合理施用农药、化肥等农业投入品，科学处置农用薄膜、农作物秸秆等农业废弃物，防止农业面源污染。

禁止将不符合农用标准和环境保护标准的固体废物、废水施入农田。施用农药、化肥等农业投入品及进行灌溉，应当采取措施，防止重金属和其他有毒有害物质污染环境。

畜禽养殖场、养殖小区、定点屠宰企业等的选址、建设和管理应当符合有关法律法规规定。从事畜禽养殖和屠宰的单位和个人应当采取措施，对畜禽粪便、尸体和污水等废弃物进行科学处置，防止污染环境。

县级人民政府负责组织农村生活废弃物的处置工作。

第五十条　各级人民政府应当在财政预算中安排资金，支持农村饮用水水源地保护、生活污水和其他废弃物处理、畜禽养殖和屠宰污染防治、土壤污染防治和农村工矿污染治理等环境保护工作。

第五十一条　各级人民政府应当统筹城乡建设污水处理设施及配套管网，固体废物的收集、运输和处置等环境卫生设施，危险废物集中处置设施、场所以及其他环境保护公共设施，并保障其正常运行。

第五十二条　国家鼓励投保环境污染责任保险。

第五章　信息公开和公众参与

第五十三条　公民、法人和其他组织依法享有获取环境信息、参与和监督环境保护的权利。

各级人民政府环境保护主管部门和其他负有环境保护监督管理职责的部门，应当依法公开环境信息、完善公众参与程序，为公民、法人和其他组织参与和监督环境保护提供便利。

第五十四条　国务院环境保护主管部门统一发布国家环境质量、重点污染源监测信息及其他重大环境信息。省级以上人民政府环境保护主管部门定期发布环境状况公报。

县级以上人民政府环境保护主管部门和其他负有环境保护监督管理职责的部门，应当依法公开环境质量、环境监测、突发环境事件以及环境行政许可、行政处罚、排污费的征收和使用情况等信息。

县级以上地方人民政府环境保护主管部门和其他负有环境保护监督管理职责的部门，应当将企业事业单位和其他生产经营者的环境违法信息记入社会诚信档案，及时向社会公布违法者名单。

第五十五条　重点排污单位应当如实向社会公开其主要污染物的名称、排放方式、排放浓度和总量、超标排放情况，以及防治污染设施的建设和运行情况，接受社会监督。

第五十六条　对依法应当编制环境影响报告书的建设项目，建设单位应当在编制时向可能受影响的公众说明情况，充分征求意见。

负责审批建设项目环境影响评价文件的部门在收到建设项目环境影响报告书后，除涉及国家秘密和商业秘密的事项外，应当全文公开；发现建设项目未充分征求公众意见的，应当责成建设单位征求公众意见。

第五十七条　公民、法人和其他组织发现任何单位和个人有污染环境和破坏生态行为的，有权向环境保护主管部门或者其他负有环境保护监督管理职责的部门举报。

公民、法人和其他组织发现地方各级人民政府、县级以上人民政府环境保护主管部门和其他负有环境保护监督管理职责的部门不依法履行职责的，有权向其上级机关或者监察机关举报。

接受举报的机关应当对举报人的相关信息予以保密，保护举报人的合法权益。

第五十八条　对污染环境、破坏生态，损害社会公共利益的行为，符合下列条件的社会组织可以向人民法院提起诉讼：

（一）依法在设区的市级以上人民政府民政部门登记；

（二）专门从事环境保护公益活动连续五年以上且无违法记录。

符合前款规定的社会组织向人民法院提起诉讼，人民法院应当依法受理。

提起诉讼的社会组织不得通过诉讼牟取经济利益。

第六章　法律责任

第五十九条　企业事业单位和其他生产经营者违法排放污染物，受到罚款处罚，被责令改正，拒不改正的，依法做出处罚决定的行政机关可以自责令改正之日的次日起，按照原处罚数额按日连续处罚。

前款规定的罚款处罚，依照有关法律法规按照防治污染设施的运行成本、违法行为造成的直接损失或者违法所得等因素确定的规定执行。

地方性法规可以根据环境保护的实际需要，增加第一款规定的按日连续处罚的违法行为的种类。

第六十条 企业事业单位和其他生产经营者超过污染物排放标准或者超过重点污染物排放总量控制指标排放污染物的，县级以上人民政府环境保护主管部门可以责令其采取限制生产、停产整治等措施；情节严重的，报经有批准权的人民政府批准，责令停业、关闭。

第六十一条 建设单位未依法提交建设项目环境影响评价文件或者环境影响评价文件未经批准，擅自开工建设的，由负有环境保护监督管理职责的部门责令停止建设，处以罚款，并可以责令恢复原状。

第六十二条 违反本法规定，重点排污单位不公开或者不如实公开环境信息的，由县级以上地方人民政府环境保护主管部门责令公开，处以罚款，并予以公告。

第六十三条 企业事业单位和其他生产经营者有下列行为之一，尚不构成犯罪的，除依照有关法律法规规定予以处罚外，由县级以上人民政府环境保护主管部门或者其他有关部门将案件移送公安机关，对其直接负责的主管人员和其他直接责任人员，处十日以上十五日以下拘留；情节较轻的，处五日以上十日以下拘留：

（一）建设项目未依法进行环境影响评价，被责令停止建设，拒不执行的；

（二）违反法律规定，未取得排污许可证排放污染物，被责令停止排污，拒不执行的；

（三）通过暗管、渗井、渗坑、灌注或者篡改、伪造监测数据，或者不正常运行防治污染设施等逃避监管的方式违法排放污染物的；

（四）生产、使用国家明令禁止生产、使用的农药，被责令改正，拒不改正的。

第六十四条　因污染环境和破坏生态造成损害的，应当依照《中华人民共和国侵权责任法》的有关规定承担侵权责任。

第六十五条　环境影响评价机构、环境监测机构以及从事环境监测设备和防治污染设施维护、运营的机构，在有关环境服务活动中弄虚作假，对造成的环境污染和生态破坏负有责任的，除依照有关法律法规规定予以处罚外，还应当与造成环境污染和生态破坏的其他责任者承担连带责任。

第六十六条　提起环境损害赔偿诉讼的时效期间为三年，从当事人知道或者应当知道其受到损害时起计算。

第六十七条　上级人民政府及其环境保护主管部门应当加强对下级人民政府及其有关部门环境保护工作的监督。发现有关工作人员有违法行为，依法应当给予处分的，应当向其任免机关或者监察机关提出处分建议。

依法应当给予行政处罚，而有关环境保护主管部门不给予行政处罚的，上级人民政府环境保护主管部门可以直接作出行政处罚的决定。

第六十八条　地方各级人民政府、县级以上人民政府环境保护主管部门和其他负有环境保护监督管理职责的部门有下列行为之一的，对直接负责的主管人员和其他直接责任人员给予记过、记大过或者降级处分；造成严重后果的，给予撤职或者开除处分，其主要负责人应当引咎辞职：

（一）不符合行政许可条件准予行政许可的；

（二）对环境违法行为进行包庇的；

（三）依法应当做出责令停业、关闭的决定而未做出的；

（四）对超标排放污染物、采用逃避监管的方式排放污染物、造成环境事故以及不落实生态保护措施造成生态破坏等行为，发现或者接到举报未及时查处的；

（五）违反本法规定，查封、扣押企业事业单位和其他生产经营者的设施、设备的；

（六）篡改、伪造或者指使篡改、伪造监测数据的；

（七）应当依法公开环境信息而未公开的；

（八）将征收的排污费截留、挤占或者挪作他用的；

（九）法律法规规定的其他违法行为。

第六十九条　违反本法规定，构成犯罪的，依法追究刑事责任。

第七章　附则

第七十条　本法自2015年1月1日起施行。

附录3——中华人民共和国固体废物污染环境防治法

（1995年10月30日第八届全国人民代表大会常务委员会第十六次会议通过 2004年12月29日第十届全国人民代表大会常务委员会第十三次会议修订 根据2013年6月29日第十二届全国人民代表大会常务委员会第三次会议《关于修改〈中华人民共和国文物保护法〉等十二部法律的决定》第一次修正 2015年4月24日第十二届全国人民代表大会常务委员会第十四次会议通过全国人民代表大会常务委员会《关于修改 <中华人民共和国港口法> 等七部法律的决定》第二次修正。）

目　录

第一章　总则

第一条　为了防治固体废物污染环境，保障人体健康，维护生态安全，促进经济社会可持续发展，制定本法。

第二条　本法适用于中华人民共和国境内固体废物污染环境的防治。

固体废物污染海洋环境的防治和放射性固体废物污染环境的防治不适用本法。

第三条　国家对固体废物污染环境的防治，实行减少固体废物的产生量和危害性、充分合理利用固体废物和无害化处置固体废物的原则，促进清洁生产和循环经济发展。

国家采取有利于固体废物综合利用活动的经济、技术政策和措施，对固体废物实行充分回收和合理利用。

国家鼓励、支持采取有利于保护环境的集中处置固体废物的措施，促进固体废物污染环境防治产业发展。

第四条　县级以上人民政府应当将固体废物污染环境防治工作纳入国民经济和社会发展计划，并采取有利于固体废物污染环境防治的经济、技术政策和措施。

国务院有关部门、县级以上地方人民政府及其有关部门组织编制城乡建设、土地利用、区域开发、产业发展等规划，应当统筹考虑减少固体废物的产生量和危害性、促进固体废物的综合利用和无害化处置。

第五条　国家对固体废物污染环境防治实行污染者依法负责的原则。

产品的生产者、销售者、进口者、使用者对其产生的固体废物依法承担污染防治责任。

第六条　国家鼓励、支持固体废物污染环境防治的科学研究、技术开发、推广先进的防治技术和普及固体废物污染环境防治的科学知识。

各级人民政府应当加强防治固体废物污染环境的宣传教育，倡导有利于环境保护的生产方式和生活方式。

第七条　国家鼓励单位和个人购买、使用再生产品和可重复利用产品。

第八条　各级人民政府对在固体废物污染环境防治工作以及相关的综合利用活动中做出显著成绩的单位和个人给予奖励。

第九条　任何单位和个人都有保护环境的义务，并有权对造成固体废物污染环境的单位和个人进行检举和控告。

第十条　国务院环境保护行政主管部门对全国固体废物污染环境的防治工作实施统一监督管理。国务院有关部门在各自的职责范围内负责固体废物污染环境防治的监督管理工作。

县级以上地方人民政府环境保护行政主管部门对本行政区域内固体废物污染环境的防治工作实施统一监督管理。县级以上地方人民政府有关部门在各自的职责范围内负责固体废物污染环境防治的监督管理工作。

国务院建设行政主管部门和县级以上地方人民政府环境卫生行政主管部门负责生活垃圾清扫、收集、贮存、运输和处置的监督管理工作。

第二章　固体废物污染环境

防治的监督管理

第十一条　国务院环境保护行政主管部门会同国务院有关行政主管部门根据国家环境质量标准和国家经济、技术条件，制定国家固体废物污染环境防治技术标准。

第十二条　国务院环境保护行政主管部门建立固体废物污染环境监测制度，制定统一的监测规范，并会同有关部门组织监测网络。

大、中城市人民政府环境保护行政主管部门应当定期发布固体废物的种类、产生量、处置状况等信息。

第十三条　建设产生固体废物的项目以及建设贮存、利用、处置固体废物的项目，必须依法进行环境影响评价，并遵守国家有关建设项目环境保护管理的规定。

第十四条　建设项目的环境影响评价文件确定需要配套建设的固体废物污染环境防治设施，必须与主体工程同时设计、同时施工、同时投入使用。固体废物污染环境防治设施必须经原审批环境影响评价文件的环境保护行政主管部门验收合格后，该建设项目方可投入生产或者使用。对固体废物污染环境防治设施的验收应当与对主体工程的验收同时进行。

第十五条　县级以上人民政府环境保护行政主管部门和其他固体废物污染环境防治工作的监督管理部门，有权依据各自的职责对管辖范围内与固体废物污染环境防治有关的单位进行现场检查。被检查的单位应当如实反映情况，提供必要的资料。检察机关应当为被检查的单位保守技术秘密和业务秘密。

检察机关进行现场检察时，可以采取现场监测、采集样品、查阅或者复制与固体废物污染环境防治相关的资料等措施。检查人员进行现场检查，应当出示证件。

第三章　固体废物污染环境的防治

第一节 一般规定

第十六条　产生固体废物的单位和个人，应当采取措施，防止或者减少固体废物对环境的污染。

第十七条　收集、贮存、运输、利用、处置固体废物的单位和个人，必须采取防扬散、防流失、防渗漏或者其他防止污染环境的措施；不得擅自倾倒、堆放、丢弃、遗撒固体废物。

禁止任何单位或者个人向江河、湖泊、运河、渠道、水库及其最高水位线以下的滩地和岸坡等法律、法规规定禁止倾倒、堆放废弃物的地点倾倒、堆放固体废物。

第十八条　产品和包装物的设计、制造，应当遵守国家有关清洁生产的规定。国务院标准化行政主管部门应当根据国家经济和技术条件、固体废物污染环境防治状况以及产品的技术要求，组织制定有关标准，防止过度包装造成环境污染。

生产、销售、进口依法被列入强制回收目录的产品和包装物的企业，必须按照国家有关规定对该产品和包装物进行回收。

第十九条　国家鼓励科研、生产单位研究、生产易回收利用、易处置或者在环境中可降解的薄膜覆盖物和商品包装物。

使用农用薄膜的单位和个人，应当采取回收利用等措施，防止或者减少农用薄膜对环境的污染。

第二十条　从事畜禽规模养殖应当按照国家有关规定收集、贮存、利用或者处置养殖过程中产生的畜禽粪便，防止污染环境。

禁止在人口集中地区、机场周围、交通干线附近以及当地人民政府划定的区域露天焚烧秸秆。

第二十一条　对收集、贮存、运输、处置固体废物的设施、设备和场所，应当加强管理和维护，保证其正常运行和使用。

第二十二条　在国务院和国务院有关主管部门及省、自治区、直辖市人民政府划定的自然保护区、风景名胜区、饮用水水源保护区、基本农田保护区和其他需要特别保护的区域内，禁止建设工业固体废物集中贮存、处置的设施、场所和生活垃圾填埋场。

第二十三条　转移固体废物出省、自治区、直辖市行政区域贮存、处置的，应当向固体废物移出地的省、自治区、直辖市人民政府环境保护行政主管部门提出申请。移出地的省、自治区、直辖市人民政府环境保护行政主管部门应当商经接受地的省、自治区、直辖市人民政府环境保护行政主管部门同意后，方可批准转移该固体废物出省、自治区、直辖市行政区域。未经批准的，不得转移。

第二十四条　禁止中华人民共和国境外的固体废物进境倾倒、堆放、处置。

第二十五条　禁止进口不能用作原料或者不能以无害化方式利用的固体废物；对可以用做原料的固体废物实行限制进口和自动许可进口分类管理。

国务院环境保护行政主管部门会同国务院对外贸易主管部门、国务院经济综合宏观调控部门、海关总署、国务院质量监督检验检疫部门制定、调整并公布禁止进口、限制进口和自动许可进口的固体废物目录。

禁止进口列入禁止进口目录的固体废物。进口列入限制进口目录的固体废物，应当经国务院环境保护行政主管部门会同国务院对外贸易主管部门审查许可。进口列入自动许可进口目录的固体废物，应当依法办理自动许可手续。

进口的固体废物必须符合国家环境保护标准，并经质量监督检验检疫部门检验合格。

进口固体废物的具体管理办法，由国务院环境保护行政主管部门会同国务院对外贸易主管部门、国务院经济综合宏观调控部门、海关总署、国务院质量监督检验检疫部门制定。

第二十六条　进口者对海关将其所进口的货物纳入固体废物管理范围不服的，可以依法申请行政复议，也可以向人民法院提起行政诉讼。

第二节 工业固体废物污染环境的防治

第二十七条　国务院环境保护行政主管部门应当会同国务院经济综合宏观调控部门和其他有关部门对工业固体废物对环境的污染做出界定，制定防治工业固体废物污染环境的技术政策，组织推广先进的防治工业固体废物污染环境的生产工艺和设备。

第二十八条　国务院经济综合宏观调控部门应当会同国务院有关部门组织研究、开发和推广减少工业固体废物产生量和危害性的生产工艺和设备，公布限期淘汰产生严重污染环境的工业固体废物的落后生产工艺、落后设备的名录。

生产者、销售者、进口者、使用者必须在国务院经济综合宏观调控部门会同国务院有关部门规定的期限内分别停止生产、销售、进口或者使用列入前款规定的名录中的设备。生产工艺的采用者必须在国务院经济综合宏观调控部门会同国务院有关部门规定的期限内停止采用列入前款规定的名录中的工艺。

列入限期淘汰名录被淘汰的设备，不得转让给他人使用。

第二十九条　县级以上人民政府有关部门应当制定工业固体废物污染环境防治工作规划，推广能够减少工业固体废物产生量和危害性的先进生产工艺和设备，推动工业固体废物污染环境防治工作。

第三十条　产生工业固体废物的单位应当建立、健全污染环境防治责任制度，采取防治工业固体废物污染环境的措施。

第三十一条　企业事业单位应当合理选择和利用原材料、能源和其他资源，采用先进的生产工艺和设备，减少工业固体废物产生量，降低工业固体废物的危害性。

第三十二条　国家实行工业固体废物申报登记制度。

产生工业固体废物的单位必须按照国务院环境保护行政主管部门的规定，向所在地县级以上地方人民政府环境保护行政主管部门提供工业固体废物的种类、产生量、流向、贮存、处置等有关资料。

前款规定的申报事项有重大改变的，应当及时申报。

第三十三条　企业事业单位应当根据经济、技术条件对其产生的工业固体废物加以利用；对暂时不利用或者不能利用的，必须按照国务院环境保护行政主管部门的规定建设贮存设施、场所，安全分类存放，或者采取无害化处置措施。

建设工业固体废物贮存、处置的设施、场所，必须符合国家环境保护标准。

第三十四条　禁止擅自关闭、闲置或者拆除工业固体废物污染环境防治设施、场所；确有必要关闭、闲置或者拆除的，必须经所在地县级以上地方人民政府环境保护行政主管部门核准，并采取措施，防止污染环境。

第三十五条　产生工业固体废物的单位需要终止的，应当事先对工业固体废物的贮存、处置的设施、场所采取污染防治措施，并对未处置的工业固体废物做出妥善处置，防止污染环境。

产生工业固体废物的单位发生变更的，变更后的单位应当按照国家有关环境保护的规定对未处置的工业固体废物及其贮存、处置的设施、场所进行安全处置或者采取措施保证该设施、场所安全运行。变更前当事人对工业固体废物及其贮存、处置的设施、场所的污染防治责任另有约定的，从其约定；但是，不得免除当事人的污染防治义务。

对本法施行前已经终止的单位未处置的工业固体废物及其贮存、处置的设施、场所进行安全处置的费用，由有关人民政府承担；但是，该单位享有的土地使用权依法转让的，应当由土地使用权受让人承担处置费用。当事人另有约定的，从其约定；但是，不得免除当事人的污染防治义务。

第三十六条　矿山企业应当采取科学的开采方法和选矿工艺，减少尾矿、矸石、废石等矿业固体废物的产生量和贮存量。

尾矿、矸石、废石等矿业固体废物贮存设施停止使用后，矿山企业应当按照国家有关环境保护规定进行封场，防止造成环境污染和生态破坏。

第三十七条　拆解、利用、处置废弃电器产品和废弃机动车船，应当遵守有关法律、法规的规定，采取措施，防止污染环境。

第三节 生活垃圾污染环境的防治

第三十八条　县级以上人民政府应当统筹安排建设城乡生活垃圾收集、运输、处置设施，提高生活垃圾的利用率和无害化处置率，促进生活垃圾收集、处置的产业化发展，逐步建立和完善生活垃圾污染环境防治的社会服务体系。

第三十九条　县级以上地方人民政府环境卫生行政主管部门应当组织对城市生活垃圾进行清扫、收集、运输和处置，可以通过招标等方式选择具备条件的单位从事生活垃圾的清扫、收集、运输和处置。

第四十条　对城市生活垃圾应当按照环境卫生行政主管部门的规定，在指定的地点放置，不得随意倾倒、抛撒或者堆放。

第四十一条　清扫、收集、运输、处置城市生活垃圾，应当遵守国家有关环境保护和环境卫生管理的规定，防止污染环境。

第四十二条　对城市生活垃圾应当及时清运，逐步做到分类收集和运输，并积极开展合理利用和实施无害化处置。

第四十三条　城市人民政府应当有计划地改进燃料结构，发展城市煤气、天然气、液化气和其他清洁能源。

城市人民政府有关部门应当组织净菜进城，减少城市生活垃圾。

城市人民政府有关部门应当统筹规划，合理安排收购网点，促进生活垃圾的回收利用工作。

第四十四条　建设生活垃圾处置的设施、场所，必须符合国务院环境保护行政主管部门和国务院建设行政主管部门规定的环境保护和环境卫生标准。

禁止擅自关闭、闲置或者拆除生活垃圾处置的设施、场所；确有必要关闭、闲置或者拆除的，必须经所在地的市、县人民政府环境卫生行政主管部门和环境保护行政主管部门核准，并采取措施，防止污染环境。

第四十五条　从生活垃圾中回收的物质必须按照国家规定的用途或者标准使用，不得用于生产可能危害人体健康的产品。

第四十六条　工程施工单位应当及时清运工程施工过程中产生的固体废物，并按照环境卫生行政主管部门的规定进行利用或者处置。

第四十七条　从事公共交通运输的经营单位，应当按照国家有关规定，清扫、收集运输过程中产生的生活垃圾。

第四十八条　从事城市新区开发、旧区改建和住宅小区开发建设的单位，以及机场、码头、车站、公园、商店等公共设施、场所的经营管理单位，应当按照国家有关环境卫生的规定，配套建设生活垃圾收集设施。

第四十九条　农村生活垃圾污染环境防治的具体办法，由地方性法规规定。

第四章　危险废物污染环境防治的特别规定

第五十条　危险废物污染环境的防治，适用本章规定；本章未作规定的，适用本法其他有关规定。

第五十一条　国务院环境保护行政主管部门应当会同国务院有关部门制定国家危险废物名录，规定统一的危险废物鉴别标准、鉴别方法和识别标志。

第五十二条　对危险废物的容器和包装物以及收集、贮存、运输、处置危险废物的设施、场所，必须设置危险废物识别标志。

第五十三条　产生危险废物的单位，必须按照国家有关规定制定危险废物管理计划，并向所在地县级以上地方人民政府环境保护行政主管部门申报危险废物的种类、产生量、流向、贮存、处置等有关资料。

前款所称危险废物管理计划应当包括减少危险废物产生量和危害性的措施以及危险废物贮存、利用、处置措施。危险废物管理计划应当报产生危险废物的单位所在地县级以上地方人民政府环境保护行政主管部门备案。

本条规定的申报事项或者危险废物管理计划内容有重大改变的，应当及时申报。

第五十四条　国务院环境保护行政主管部门会同国务院经济综合宏观调控部门组织编制危险废物集中处置设施、场所的建设规划，报国务院批准后实施。

县级以上地方人民政府应当依据危险废物集中处置设施、场所的建设规划组织建设危险废物集中处置设施、场所。

第五十五条　产生危险废物的单位，必须按照国家有关规定处置危险废物，不得擅自倾倒、堆放；不处置的，由所在地县级以上地方人民政府环境保护行政主管部门责令限期改正；逾期不处置或者处置不符合国家有关规定的，由所在地县级以上地方人民政府环境保护行政主管部门指定单位按照国家有关规定代为处置，处置费用由产生危险废物的单位承担。

第五十六条　以填埋方式处置危险废物不符合国务院环境保护行政主管部门规定的，应当缴纳危险废物排污费。危险废物排污费征收的具体办法由国务院规定。

危险废物排污费用于污染环境的防治，不得挪作他用。

第五十七条　从事收集、贮存、处置危险废物经营活动的单位，必须向县级以上人民政府环境保护行政主管部门申请领取经营许可证；从事利用危险废物经营活动的单位，必须向国务院环境保护行政主管部门或者省、自治区、直辖市人民政府环境保护行政主管部门申请领取经营许可证。具体管理办法由国务院规定。

禁止无经营许可证或者不按照经营许可证规定从事危险废物收集、

贮存、利用、处置的经营活动。

禁止将危险废物提供或者委托给无经营许可证的单位从事收集、贮存、利用、处置的经营活动。

第五十八条 收集、贮存危险废物，必须按照危险废物特性分类进行。禁止混合收集、贮存、运输、处置性质不相容而未经安全性处置的危险废物。

贮存危险废物必须采取符合国家环境保护标准的防护措施，并不得超过一年；确需延长期限的，必须报经原批准经营许可证的环境保护行政主管部门批准；法律、行政法规另有规定的除外。

禁止将危险废物混入非危险废物中贮存。

第五十九条 转移危险废物的，必须按照国家有关规定填写危险废物转移联单，并向危险废物移出地设区的市级以上地方人民政府环境保护行政主管部门提出申请。移出地设区的市级以上地方人民政府环境保护行政主管部门应当商经接受地设区的市级以上地方人民政府环境保护行政主管部门同意后，方可批准转移该危险废物。未经批准的，不得转移。

转移危险废物途经移出地、接受地以外行政区域的，危险废物移出地设区的市级以上地方人民政府环境保护行政主管部门应当及时通知沿途经过的设区的市级以上地方人民政府环境保护行政主管部门。

第六十条 运输危险废物，必须采取防止污染环境的措施，并遵守国家有关危险货物运输管理的规定。

禁止将危险废物与旅客在同一运输工具上载运。

第六十一条 收集、贮存、运输、处置危险废物的场所、设施、设备和容器、包装物及其他物品转作他用时，必须经过消除污染的处理，方可使用。

第六十二条 产生、收集、贮存、运输、利用、处置危险废物的单位，应当制定意外事故的防范措施和应急预案，并向所在地县级以上地方人民政府环境保护行政主管部门备案；环境保护行政主管部门应当进行检查。

第六十三条　因发生事故或者其他突发性事件，造成危险废物严重污染环境的单位，必须立即采取措施消除或者减轻对环境的污染危害，及时通报可能受到污染危害的单位和居民，并向所在地县级以上地方人民政府环境保护行政主管部门和有关部门报告，接受调查处理。

第六十四条　在发生或者有证据证明可能发生危险废物严重污染环境、威胁居民生命财产安全时，县级以上地方人民政府环境保护行政主管部门或者其他固体废物污染环境防治工作的监督管理部门必须立即向本级人民政府和上一级人民政府有关行政主管部门报告，由人民政府采取防止或者减轻危害的有效措施。有关人民政府可以根据需要责令停止导致或者可能导致环境污染事故的作业。

第六十五条　重点危险废物集中处置设施、场所的退役费用应当预提，列入投资概算或者经营成本。具体提取和管理办法，由国务院财政部门、价格主管部门会同国务院环境保护行政主管部门规定。

第六十六条　禁止经中华人民共和国过境转移危险废物。

第五章　法律责任

第六十七条　县级以上人民政府环境保护行政主管部门或者其他固体废物污染环境防治工作的监督管理部门违反本法规定，有下列行为之一的，由本级人民政府或者上级人民政府有关行政主管部门责令改正，对负有责任的主管人员和其他直接责任人员依法给予行政处分；构成犯罪的，依法追究刑事责任：

（一）不依法作出行政许可或者办理批准文件的；

（二）发现违法行为或者接到对违法行为的举报后不予查处的；

（三）有不依法履行监督管理职责的其他行为的。

第六十八条　违反本法规定，有下列行为之一的，由县级以上人民政府环境保护行政主管部门责令停止违法行为，限期改正，处以罚款：

（一）不按照国家规定申报登记工业固体废物，或者在申报登记时弄虚作假的；

（二）对暂时不利用或者不能利用的工业固体废物未建设贮存的设

施、场所安全分类存放，或者未采取无害化处置措施的；

（三）将列入限期淘汰名录被淘汰的设备转让给他人使用的；

（四）擅自关闭、闲置或者拆除工业固体废物污染环境防治设施、场所的；

（五）在自然保护区、风景名胜区、饮用水水源保护区、基本农田保护区和其他需要特别保护的区域内，建设工业固体废物集中贮存、处置的设施、场所和生活垃圾填埋场的；

（六）擅自转移固体废物出省、自治区、直辖市行政区域贮存、处置的；

（七）未采取相应防范措施，造成工业固体废物扬散、流失、渗漏或者造成其他环境污染的；

（八）在运输过程中沿途丢弃、遗撒工业固体废物的。

有前款第一项、第八项行为之一的，处五千元以上五万元以下的罚款；有前款第二项、第三项、第四项、第五项、第六项、第七项行为之一的，处一万元以上十万元以下的罚款。

第六十九条　违反本法规定，建设项目需要配套建设的固体废物污染环境防治设施未建成、未经验收或者验收不合格，主体工程即投入生产或者使用的，由审批该建设项目环境影响评价文件的环境保护行政主管部门责令停止生产或者使用，可以并处十万元以下的罚款。

第七十条　违反本法规定，拒绝县级以上人民政府环境保护行政主管部门或者其他固体废物污染环境防治工作的监督管理部门现场检查的，由执行现场检查的部门责令限期改正；拒不改正或者在检查时弄虚作假的，处二千元以上二万元以下的罚款。

第七十一条　从事畜禽规模养殖未按照国家有关规定收集、贮存、处置畜禽粪便，造成环境污染的，由县级以上地方人民政府环境保护行政主管部门责令限期改正，可以处五万元以下的罚款。

第七十二条　违反本法规定，生产、销售、进口或者使用淘汰的设备，或者采用淘汰的生产工艺的，由县级以上人民政府经济综合宏观调控部门责令改正；情节严重的，由县级以上人民政府经济综合宏观调控部门提出意见，报请同级人民政府按照国务院规定的权限决定停业或者关闭。

第七十三条　尾矿、矸石、废石等矿业固体废物贮存设施停止使用后，未按照国家有关环境保护规定进行封场的，由县级以上地方人民政府环境保护行政主管部门责令限期改正，可以处五万元以上二十万元以下的罚款。

第七十四条　违反本法有关城市生活垃圾污染环境防治的规定，有下列行为之一的，由县级以上地方人民政府环境卫生行政主管部门责令停止违法行为，限期改正，处以罚款：

（一）随意倾倒、抛撒或者堆放生活垃圾的；

（二）擅自关闭、闲置或者拆除生活垃圾处置设施、场所的；

（三）工程施工单位不及时清运施工过程中产生的固体废物，造成环境污染的；

（四）工程施工单位不按照环境卫生行政主管部门的规定对施工过程中产生的固体废物进行利用或者处置的；

（五）在运输过程中沿途丢弃、遗撒生活垃圾的。

单位有前款第一项、第三项、第五项行为之一的，处五千元以上五万元以下的罚款；有前款第二项、第四项行为之一的，处一万元以上十万元以下的罚款。个人有前款第一项、第五项行为之一的，处二百元以下的罚款。

第七十五条　违反本法有关危险废物污染环境防治的规定，有下列行为之一的，由县级以上人民政府环境保护行政主管部门责令停止违法行为，限期改正，处以罚款：

（一）不设置危险废物识别标志的；

（二）不按照国家规定申报登记危险废物，或者在申报登记时弄虚作假的；

（三）擅自关闭、闲置或者拆除危险废物集中处置设施、场所的；

（四）不按照国家规定缴纳危险废物排污费的；

（五）将危险废物提供或者委托给无经营许可证的单位从事经营活

动的；

（六）不按照国家规定填写危险废物转移联单或者未经批准擅自转移危险废物的；

（七）将危险废物混入非危险废物中贮存的；

（八）未经安全性处置，混合收集、贮存、运输、处置具有不相容性质的危险废物的；

（九）将危险废物与旅客在同一运输工具上载运的；

（十）未经消除污染的处理将收集、贮存、运输、处置危险废物的场所、设施、设备和容器、包装物及其他物品转作他用的；

（十一）未采取相应防范措施，造成危险废物扬散、流失、渗漏或者造成其他环境污染的；

（十二）在运输过程中沿途丢弃、遗撒危险废物的；

（十三）未制定危险废物意外事故防范措施和应急预案的。

有前款第一项、第二项、第七项、第八项、第九项、第十项、第十一项、第十二项、第十三项行为之一的，处一万元以上十万元以下的罚款；有前款第三项、第五项、第六项行为之一的，处二万元以上二十万元以下的罚款；有前款第四项行为的，限期缴纳，逾期不缴纳的，处应缴纳危险废物排污费金额一倍以上三倍以下的罚款。

第七十六条　违反本法规定，危险废物产生者不处置其产生的危险废物又不承担依法应当承担的处置费用的，由县级以上地方人民政府环境保护行政主管部门责令限期改正，处代为处置费用一倍以上三倍以下的罚款。

第七十七条　无经营许可证或者不按照经营许可证规定从事收集、贮存、利用、处置危险废物经营活动的，由县级以上人民政府环境保护行政主管部门责令停止违法行为，没收违法所得，可以并处违法所得三倍以下的罚款。

不按照经营许可证规定从事前款活动的，还可以由发证机关吊销经营许可证。

第七十八条　违反本法规定，将中华人民共和国境外的固体废物进境倾倒、堆放、处置的，进口属于禁止进口的固体废物或者未经许可擅自进口属于限制进口的固体废物用作原料的，由海关责令退运该固体废物，可以并处十万元以上一百万元以下的罚款；构成犯罪的，依法追究刑事责任。进口者不明的，由承运人承担退运该固体废物的责任，或者承担该固体废物的处置费用。

逃避海关监管将中华人民共和国境外的固体废物运输进境，构成犯罪的，依法追究刑事责任。

第七十九条　违反本法规定，经中华人民共和国过境转移危险废物的，由海关责令退运该危险废物，可以并处五万元以上五十万元以下的罚款。

第八十条　对已经非法入境的固体废物，由省级以上人民政府环境保护行政主管部门依法向海关提出处理意见，海关应当依照本法第七十八条的规定做出处罚决定；已经造成环境污染的，由省级以上人民政府环境保护行政主管部门责令进口者消除污染。

第八十一条　违反本法规定，造成固体废物严重污染环境的，由县级以上人民政府环境保护行政主管部门按照国务院规定的权限决定限期治理；逾期未完成治理任务的，由本级人民政府决定停业或者关闭。

第八十二条　违反本法规定，造成固体废物污染环境事故的，由县级以上人民政府环境保护行政主管部门处二万元以上二十万元以下的罚款；造成重大损失的，按照直接损失的百分之三十计算罚款，但是最高不超过一百万元，对负有责任的主管人员和其他直接责任人员，依法给予行政处分；造成固体废物污染环境重大事故的，并由县级以上人民政府按照国务院规定的权限决定停业或者关闭。

第八十三条　违反本法规定，收集、贮存、利用、处置危险废物，造成重大环境污染事故，构成犯罪的，依法追究刑事责任。

第八十四条　受到固体废物污染损害的单位和个人，有权要求依法赔偿损失。

赔偿责任和赔偿金额的纠纷，可以根据当事人的请求，由环境保护行政主管部门或者其他固体废物污染环境防治工作的监督管理部门调解处理；调解不成的，当事人可以向人民法院提起诉讼。当事人也可以直接向人民法院提起诉讼。

国家鼓励法律服务机构对固体废物污染环境诉讼中的受害人提供法律援助。

第八十五条　造成固体废物污染环境的，应当排除危害，依法赔偿损失，并采取措施恢复环境原状。

第八十六条　因固体废物污染环境引起的损害赔偿诉讼，由加害人就法律规定的免责事由及其行为与损害结果之间不存在因果关系承担举证责任。

第八十七条　固体废物污染环境的损害赔偿责任和赔偿金额的纠纷，当事人可以委托环境监测机构提供监测数据。环境监测机构应当接受委托，如实提供有关监测数据。

第六章　附则

第八十八条　本法下列用语的含义：

（一）固体废物，是指在生产、生活和其他活动中产生的丧失原有利用价值或者虽未丧失利用价值但被抛弃或者放弃的固态、半固态和置于容器中的气态的物品、物质以及法律、行政法规规定纳入固体废物管理的物品、物质。

（二）工业固体废物，是指在工业生产活动中产生的固体废物。

（三）生活垃圾，是指在日常生活中或者为日常生活提供服务的活动中产生的固体废物以及法律、行政法规规定视为生活垃圾的固体废物。

（四）危险废物，是指列入国家危险废物名录或者根据国家规定的危险废物鉴别标准和鉴别方法认定的具有危险特性的固体废物。

（五）贮存，是指将固体废物临时置于特定设施或者场所中的活动。

（六）处置，是指将固体废物焚烧和用其他改变固体废物的物理、化学、生物特性的方法，达到减少已产生的固体废物数量、缩小固体废物体积、减少或者消除其危险成分的活动，或者将固体废物最终置于符合环境保护规定要求的填埋场的活动。

（七）利用，是指从固体废物中提取物质作为原材料或者燃料的活动。

第八十九条　液态废物的污染防治，适用本法；但是，排入水体的废水的污染防治适用有关法律，不适用本法。

第九十条　中华人民共和国缔结或者参加的与固体废物污染环境防治有关的国际条约与本法有不同规定的，适用国际条约的规定；但是，中华人民共和国声明保留的条款除外。

第九十一条　本法自 2005 年 4 月 1 日起施行。

附录 4——中华人民共和国循环经济促进法

（2002 年 6 月 29 日第九届全国人民代表大会常务委员会第二十八次会议通过根据 2012 年 2 月 29 日第十一届全国人民代表大会常务委员会第二十五次会议《关于修改〈中华人民共和国清洁生产促进法〉的决定》修正。）

目　录

第一章　总则

第一条　为了促进清洁生产，提高资源利用效率，减少和避免污染物的产生，保护和改善环境，保障人体健康，促进经济与社会可持续发展，制定本法。

第二条　本法所称清洁生产，是指不断采取改进设计、使用清洁的能源和原料、采用先进的工艺技术与设备、改善管理、综合利用等措施，从源头削减污染，提高资源利用效率，减少或者避免生产、服务和产品使用过程中污染物的产生和排放，以减轻或者消除对人类健康和环境的危害。

第三条　在中华人民共和国领域内，从事生产和服务活动的单位以及从事相关管理活动的部门依照本法规定，组织、实施清洁生产。

第四条　国家鼓励和促进清洁生产。国务院和县级以上地方人民政府，应当将清洁生产促进工作纳入国民经济和社会发展规划、年度计划以及环境保护、资源利用、产业发展、区域开发等规划。

第五条　国务院清洁生产综合协调部门负责组织、协调全国的清洁生产促进工作。国务院环境保护、工业、科学技术、财政部门和其他有关部门，按照各自的职责，负责有关的清洁生产促进工作。

县级以上地方人民政府负责领导本行政区域内的清洁生产促进工作。县级以上地方人民政府确定的清洁生产综合协调部门负责组织、协调本行政区域内的清洁生产促进工作。县级以上地方人民政府其他有关部门，按照各自的职责，负责有关的清洁生产促进工作。

第六条　国家鼓励开展有关清洁生产的科学研究、技术开发和国际合作，组织宣传、普及清洁生产知识，推广清洁生产技术。

国家鼓励社会团体和公众参与清洁生产的宣传、教育、推广、实施及监督。

第二章　清洁生产的推行

第七条　国务院应当制定有利于实施清洁生产的财政税收政策。

国务院及其有关部门和省、自治区、直辖市人民政府，应当制定有利于实施清洁生产的产业政策、技术开发和推广政策。

第八条　国务院清洁生产综合协调部门会同国务院环境保护、工业、科学技术部门和其他有关部门，根据国民经济和社会发展规划及国家节约资源、降低能源消耗、减少重点污染物排放的要求，编制国家清洁生产推行规划，报经国务院批准后及时公布。

国家清洁生产推行规划应当包括：推行清洁生产的目标、主要任务和保障措施，按照资源能源消耗、污染物排放水平确定开展清洁生产的重点领域、重点行业和重点工程。

国务院有关行业主管部门根据国家清洁生产推行规划确定本行业清洁生产的重点项目，制定行业专项清洁生产推行规划并组织实施。

县级以上地方人民政府根据国家清洁生产推行规划、有关行业专项清洁生产推行规划，按照本地区节约资源、降低能源消耗、减少重点污染物排放的要求，确定本地区清洁生产的重点项目，制定推行清洁生产的实施规划并组织落实。

第九条　中央预算应当加强对清洁生产促进工作的资金投入，包括中央财政清洁生产专项资金和中央预算安排的其他清洁生产资金，用于支持国家清洁生产推行规划确定的重点领域、重点行业、重点工程实施清洁生产及其技术推广工作，以及生态脆弱地区实施清洁生产的项目。中央预算用于支持清洁生产促进工作的资金使用的具体办法，由国务院财政部门、清洁生产综合协调部门会同国务院有关部门制定。

县级以上地方人民政府应当统筹地方财政安排的清洁生产促进工作的资金，引导社会资金，支持清洁生产重点项目。

第十条　国务院和省、自治区、直辖市人民政府的有关部门，应当组织和支持建立促进清洁生产信息系统和技术咨询服务体系，向社会提供有关清洁生产方法和技术、可再生利用的废物供求以及清洁生产政策等方面的信息和服务。

第十一条　国务院清洁生产综合协调部门会同国务院环境保护、工业、科学技术、建设、农业等有关部门定期发布清洁生产技术、工艺、设备和产品导向目录。

国务院清洁生产综合协调部门、环境保护部门和省、自治区、直辖市人民政府负责清洁生产综合协调的部门、环境保护部门会同同级有关部门，组织编制重点行业或者地区的清洁生产指南，指导实施清洁生产。

第十二条　国家对浪费资源和严重污染环境的落后生产技术、工艺、设备和产品实行限期淘汰制度。国务院有关部门按照职责分工，制定并发布限期淘汰的生产技术、工艺、设备以及产品的名录。

第十三条　国务院有关部门可以根据需要批准设立节能、节水、废物再生利用等环境与资源保护方面的产品标志，并按照国家规定制定相应标准。

第十四条　县级以上人民政府科学技术部门和其他有关部门，应当指导和支持清洁生产技术和有利于环境与资源保护的产品的研究、开发以及清洁生产技术的示范和推广工作。

第十五条　国务院教育部门，应当将清洁生产技术和管理课程纳入有关高等教育、职业教育和技术培训体系。

县级以上人民政府有关部门组织开展清洁生产的宣传和培训，提高国家工作人员、企业经营管理者和公众的清洁生产意识，培养清洁生产管理和技术人员。

新闻出版、广播影视、文化等单位和有关社会团体，应当发挥各自优势做好清洁生产宣传工作。

第十六条　各级人民政府应当优先采购节能、节水、废物再生利用等有利于环境与资源保护的产品。

各级人民政府应当通过宣传、教育等措施，鼓励公众购买和使用节能、节水、废物再生利用等有利于环境与资源保护的产品。

第十七条　省、自治区、直辖市人民政府负责清洁生产综合协调的部门、环境保护部门，根据促进清洁生产工作的需要，在本地区主要媒体上公布未达到能源消耗控制指标、重点污染物排放控制指标的企业的名单，为公众监督企业实施清洁生产提供依据。

列入前款规定名单的企业，应当按照国务院清洁生产综合协调部门、环境保护部门的规定公布能源消耗或者重点污染物产生、排放情况，接受公众监督。

第三章　清洁生产的实施

第十八条　新建、改建和扩建项目应当进行环境影响评价，对原料使用、资源消耗、资源综合利用以及污染物产生与处置等进行分析论证，优先采用资源利用率高以及污染物产生量少的清洁生产技术、工艺和设备。

第十九条　企业在进行技术改造过程中，应当采取以下清洁生产措施：

（一）采用无毒、无害或者低毒、低害的原料，替代毒性大、危害严重的原料；

（二）采用资源利用率高、污染物产生量少的工艺和设备，替代资源利用率低、污染物产生量多的工艺和设备；

（三）对生产过程中产生的废物、废水和余热等进行综合利用或者循环使用；

（四）采用能够达到国家或者地方规定的污染物排放标准和污染物排放总量控制指标的污染防治技术。

第二十条　产品和包装物的设计，应当考虑其在生命周期中对人类健康和环境的影响，优先选择无毒、无害、易于降解或者便于回收利用的方案。

企业对产品的包装应当合理，包装的材质、结构和成本应当与内装产品的质量、规格和成本相适应，减少包装性废物的产生，不得进行过度包装。

第二十一条　生产大型机电设备、机动运输工具以及国务院工业部门指定的其他产品的企业，应当按照国务院标准化部门或者其授权机构制定的技术规范，在产品的主体构件上注明材料成分的标准牌号。

第二十二条　农业生产者应当科学地使用化肥、农药、农用薄膜和饲料添加剂，改进种植和养殖技术，实现农产品的优质、无害和农业生产废物的资源化，防止农业环境污染。

禁止将有毒、有害废物用作肥料或者用于造田。

第二十三条　餐饮、娱乐、宾馆等服务性企业，应当采用节能、节水和其他有利于环境保护的技术和设备，减少使用或者不使用浪费资源、污染环境的消费品。

第二十四条　建筑工程应当采用节能、节水等有利于环境与资源保护的建筑设计方案、建筑和装修材料、建筑构配件及设备。

建筑和装修材料必须符合国家标准。禁止生产、销售和使用有毒、有害物质超过国家标准的建筑和装修材料。

第二十五条　矿产资源的勘查、开采，应当采用有利于合理利用资源、保护环境和防止污染的勘查、开采方法和工艺技术，提高资源利用水平。

第二十六条　企业应当在经济技术可行的条件下对生产和服务过程中产生的废物、余热等自行回收利用或者转让给有条件的其他企业和个人利用。

第二十七条　企业应当对生产和服务过程中的资源消耗以及废物的产生情况进行监测，并根据需要对生产和服务实施清洁生产审核。

有下列情形之一的企业，应当实施强制性清洁生产审核：

（一）污染物排放超过国家或者地方规定的排放标准，或者虽未超过国家或者地方规定的排放标准，但超过重点污染物排放总量控制指标的；

（二）超过单位产品能源消耗限额标准构成高耗能的；

（三）使用有毒、有害原料进行生产或者在生产中排放有毒、有害物质的。

污染物排放超过国家或者地方规定的排放标准的企业，应当按照环境保护相关法律的规定治理。

实施强制性清洁生产审核的企业，应当将审核结果向所在地县级以上地方人民政府负责清洁生产综合协调的部门、环境保护部门报告，并在本地区主要媒体上公布，接受公众监督，但涉及商业秘密的除外。

县级以上地方人民政府有关部门应当对企业实施强制性清洁生产审核的情况进行监督，必要时可以组织对企业实施清洁生产的效果进行评估验收，所需费用纳入同级政府预算。承担评估验收工作的部门或者单位不得向被评估验收企业收取费用。

实施清洁生产审核的具体办法，由国务院清洁生产综合协调部门、环境保护部门会同国务院有关部门制定。

第二十八条　本法第二十七条第二款规定以外的企业，可以自愿与清洁生产综合协调部门和环境保护部门签订进一步节约资源、削减污染物排放量的协议。该清洁生产综合协调部门和环境保护部门应当在本地区主要媒体上公布该企业的名称以及节约资源、防治污染的成果。

第二十九条　企业可以根据自愿原则，按照国家有关环境管理体系等认证的规定，委托经国务院认证认可监督管理部门认可的认证机构进行认证，提高清洁生产水平。

第四章　鼓励措施

第三十条　国家建立清洁生产表彰奖励制度。对在清洁生产工作中做出显著成绩的单位和个人，由人民政府给予表彰和奖励。

第三十一条　对从事清洁生产研究、示范和培训，实施国家清洁生产重点技术改造项目和本法第二十八条规定的自愿节约资源、削减污染物排放量协议中载明的技术改造项目，由县级以上人民政府给予资金支持。

第三十二条　在依照国家规定设立的中小企业发展基金中，应当根据需要安排适当数额用于支持中小企业实施清洁生产。

第三十三条　依法利用废物和从废物中回收原料生产产品的，按照国家规定享受税收优惠。

第三十四条　企业用于清洁生产审核和培训的费用，可以列入企业经营成本。

第五章　法律责任

第三十五条　清洁生产综合协调部门或者其他有关部门未依照本法规定履行职责的，对直接负责的主管人员和其他直接责任人员依法给予处分。

第三十六条 违反本法第十七条第二款规定，未按照规定公布能源消耗或者重点污染物产生、排放情况的，由县级以上地方人民政府负责清洁生产综合协调的部门、环境保护部门按照职责分工责令公布，可以处十万元以下的罚款。

第三十七条 违反本法第二十一条规定，未标注产品材料的成分或者不如实标注的，由县级以上地方人民政府质量技术监督部门责令限期改正；拒不改正的，处以五万元以下的罚款。

第三十八条 违反本法第二十四条第二款规定，生产、销售有毒、有害物质超过国家标准的建筑和装修材料的，依照产品质量法和有关民事、刑事法律的规定，追究行政、民事、刑事法律责任。

第三十九条 违反本法第二十七条第二款、第四款规定，不实施强制性清洁生产审核或者在清洁生产审核中弄虚作假的，或者实施强制性清洁生产审核的企业不报告或者不如实报告审核结果的，由县级以上地方人民政府负责清洁生产综合协调的部门、环境保护部门按照职责分工责令限期改正；拒不改正的，处以五万元以上五十万元以下的罚款。

违反本法第二十七条第五款规定，承担评估验收工作的部门或者单位及其工作人员向被评估验收企业收取费用的，不如实评估验收或者在评估验收中弄虚作假的，或者利用职务上的便利谋取利益的，对直接负责的主管人员和其他直接责任人员依法给予处分；构成犯罪的，依法追究刑事责任。

第六章 附则

第七章 第四十条 本法自 2003 年 1 月 1 日起施行。